# 遗传学实验
## （第二版）

主　编　仇雪梅　王有武　雷　忻
副主编　张凤伟　高昌勇　张连忠　杨友伟
编　委　（按姓氏拼音顺序排列）
　　　　高昌勇　郭晓农　雷　忻　栗现芳
　　　　刘少贞　钱　宇　秦永燕　仇雪梅
　　　　王有武　许冬梅　杨友伟　张凤伟
　　　　张连忠　张有富　张运生　宗宪春

华中科技大学出版社
中国·武汉

# 内容简介

遗传学是一门实验性很强的学科,实验技能在遗传学教学中起着重要作用。根据遗传学的教学内容和要求,本书编写了43个实验项目,涵盖了细胞遗传学、分子遗传学、数量遗传学和群体遗传学等领域。为了适应高等院校的实验教学改革,本书的实验内容包括基础性实验、综合性实验和设计研究性实验,目的在于加强学生基本实验技能培养、提高实验水平以及培养独立思考和综合科研能力。

本书可以作为高等院校生物科学专业、生物技术专业及农林、医学院校等相关专业本科生的遗传学实验教材和教学参考书。

**图书在版编目(CIP)数据**

遗传学实验/仇雪梅,王有武,雷忻主编.—2版.—武汉:华中科技大学出版社,2022.1(2024.1重印)
ISBN 978-7-5680-7820-7

Ⅰ.①遗… Ⅱ.①仇… ②王… ③雷… Ⅲ.①遗传学-实验-高等学校-教材 Ⅳ.①Q3-33

中国版本图书馆 CIP 数据核字(2022)第 001537 号

**遗传学实验(第二版)**      仇雪梅   王有武   雷   忻   主编
Yichuanxue Shiyan(Di-er Ban)

策划编辑:王新华
责任编辑:王新华
封面设计:原色设计
责任校对:王亚钦
责任监印:周治超
出版发行:华中科技大学出版社(中国·武汉)     电话:(027)81321913
        武汉市东湖新技术开发区华工科技园     邮编:430223
录　排:华中科技大学惠友文印中心
印　刷:武汉开心印印刷有限公司
开　本:787mm×1092mm　1/16
印　张:11.25
字　数:292千字
版　次:2024年1月第2版第2次印刷
定　价:36.00元

**普通高等学校"十四五"规划生命科学类创新型特色教材**

# 编　委　会

■ **主任委员**

陈向东　任武汉大学教授,2018—2022年教育部高等学校大学生物学课程教学指导委员
　　　　会秘书长,中国微生物学会教学工作委员会主任

■ **副主任委员**（排名不分先后）

胡永红　南京工业大学教授,食品与轻工学院院长
李　钰　哈尔滨工业大学教授,生命科学与技术学院院长
卢群伟　华中科技大学教授,生命科学与技术学院副院长
王宜磊　菏泽学院教授,牡丹研究院执行院长

■ **委员**（排名不分先后）

| | | | | | | |
|---|---|---|---|---|---|---|
| 陈大清 | 郭晓农 | 李　宁 | 陆　胤 | 宋运贤 | 王元秀 | 张　明 |
| 陈其新 | 何玉池 | 李先文 | 罗　充 | 孙志宏 | 王　云 | 张　成 |
| 陈姿喧 | 胡仁火 | 李晓莉 | 马三梅 | 涂俊铭 | 卫亚红 | 张向前 |
| 程水明 | 胡位荣 | 李忠芳 | 马　尧 | 王端好 | 吴春红 | 张兴桃 |
| 仇雪梅 | 金松恒 | 梁士楚 | 聂呈荣 | 王锋尖 | 肖厚荣 | 郑永良 |
| 崔韶晖 | 金文闻 | 刘秉儒 | 聂　桓 | 王金亭 | 谢永芳 | 周　浓 |
| 段永红 | 雷　忻 | 刘　虹 | 彭明春 | 王　晶 | 熊　强 | 朱宝长 |
| 范永山 | 李朝霞 | 刘建福 | 屈长青 | 王文强 | 徐建伟 | 朱德艳 |
| 方　俊 | 李充璧 | 刘　杰 | 权春善 | 王文彬 | 闫春财 | 朱长俊 |
| 方尚玲 | 李　峰 | 刘良国 | 邵　晨 | 王秀康 | 曾绍校 | 宗宪春 |
| 冯自立 | 李桂萍 | 刘长海 | 施树良 | 王秀利 | 张　峰 | |
| 耿丽晶 | 李　华 | 刘忠虎 | 施文正 | 王永飞 | 张建新 | |
| 郭立忠 | 李　梅 | 刘宗柱 | 舒坤贤 | 王有武 | 张　龙 | |

# 普通高等学校"十四五"规划生命科学类创新型特色教材

## 作者所在院校

（排名不分先后）

| | | | |
|---|---|---|---|
| 北京理工大学 | 华中科技大学 | 云南大学 | 辽宁大学 |
| 广西大学 | 南京工业大学 | 西北农林科技大学 | 燕山大学 |
| 广州大学 | 暨南大学 | 中央民族大学 | 广州大学 |
| 哈尔滨工业大学 | 首都师范大学 | 郑州大学 | 临沂大学 |
| 华东师范大学 | 湖北大学 | 新疆大学 | 山西医科大学 |
| 重庆邮电大学 | 湖北工业大学 | 青岛科技大学 | 宁夏大学 |
| 滨州学院 | 湖北第二师范学院 | 青岛农业大学 | 重庆第二师范学院 |
| 河南师范大学 | 湖北工程学院 | 青岛农业大学海都学院 | 齐鲁理工学院 |
| 嘉兴学院 | 湖北科技学院 | 山西农业大学 | 六盘水师范学院 |
| 武汉轻工大学 | 湖北师范大学 | 陕西科技大学 | 河西学院 |
| 长春工业大学 | 汉江师范学院 | 陕西理工大学 | 广西工业学院 |
| 长治学院 | 湖南农业大学 | 上海海洋大学 | 浙江树人学院 |
| 常熟理工学院 | 湖南文理学院 | 塔里木大学 | |
| 大连大学 | 华侨大学 | 唐山师范学院 | |
| 大连工业大学 | 武昌首义学院 | 天津师范大学 | |
| 大连海洋大学 | 淮北师范大学 | 天津医科大学 | |
| 大连民族大学 | 淮阴工学院 | 西北民族大学 | |
| 大庆师范学院 | 黄冈师范学院 | 北方民族大学 | |
| 佛山科学技术学院 | 惠州学院 | 西南交通大学 | |
| 阜阳师范大学 | 吉林农业科技学院 | 新乡医学院 | |
| 广东第二师范学院 | 集美大学 | 信阳师范学院 | |
| 广东石油化工学院 | 济南大学 | 延安大学 | |
| 广西师范大学 | 佳木斯大学 | 盐城工学院 | |
| 贵州师范大学 | 江汉大学 | 云南农业大学 | |
| 哈尔滨师范大学 | 江苏大学 | 肇庆学院 | |
| 合肥学院 | 江西科技师范大学 | 福建农林大学 | |
| 河北大学 | 荆楚理工学院 | 浙江农林大学 | |
| 河北经贸大学 | 南京晓庄学院 | 浙江师范大学 | |
| 河北科技大学 | 辽东学院 | 浙江树人大学 | |
| 河南科技大学 | 锦州医科大学 | 浙江中医药大学 | |
| 河南科技学院 | 聊城大学 | 郑州轻工业大学 | |
| 河南农业大学 | 聊城大学东昌学院 | 中国海洋大学 | |
| 石河子大学 | 牡丹江师范学院 | 中南民族大学 | |
| 菏泽学院 | 内蒙古民族大学 | 重庆工商大学 | |
| 贺州学院 | 仲恺农业工程学院 | 重庆三峡学院 | |
| 黑龙江八一农垦大学 | 宿州学院 | 重庆文理学院 | |

# 第二版前言

    遗传学是一门实验性很强的学科,遗传学本身的发展离不开大量周密设计的实验研究。因此,遗传学教学中也必须重视实验教学环节。我们编写这本实验教材的目的,就是通过实验教学,使学生加深对遗传学现象和规律的认识,培养学生自主进行遗传学研究的能力。

    遗传学近年发展迅速。为了将遗传学及其实验相关的研究成果及时引入教材,经本教材编者及华中科技大学出版社编辑多次商议,对《遗传学实验》第一版进行修订。本次修订基本保持第一版的体系架构,增加、更新部分内容,修订后全书共由43个实验组成。希望能为广大的高等院校相关专业的师生在遗传学实验教学中提供帮助。

    本次修订由大连海洋大学仇雪梅、塔里木大学王有武、延安大学雷忻和栗现芳、牡丹江师范学院宗宪春、菏泽学院高昌勇、哈尔滨工业大学张凤伟和钱宇、湖南文理学院杨友伟和张运生、唐山师范学院张连忠、西北民族大学郭晓农、河西学院张有富、长治学院秦永燕、山西农业大学刘少贞和许冬梅等从事高等院校一线教学的老师共同完成。

    本教材的修订得到了各位编者所在的学校以及华中科技大学出版社的大力支持,大连海洋大学研究生王梓祎和马明星在本书编写整理过程中给予了帮助,本教材第一版作者付出了大量的劳动,打下了良好的基础,在此一并致谢!

    由于作者的水平和经验有限,书中不足之处仍在所难免,恳请同行和读者批评指正。

编　者

2021 年 10 月

# 第一版前言

遗传学是一门实验性很强的学科,遗传学本身的发展离不开大量周密设计的实验研究。因此,遗传学教学中也必须重视实验教学环节。我们编写这本实验教材的目的,就是通过实验教学,不仅使学生加深对遗传学现象和规律的认识,而且培养学生进行遗传学及相关学科研究工作的能力。

本书是由多所高等院校的多位老师共同编写的,参加本书编写的有大连海洋大学仇雪梅教授和刘洋副教授,塔里木大学王有武教授、韩秀锋和王惠娥副教授,河西学院张有富副教授,牡丹江师范学院宗宪春教授,长治学院秦永燕副教授,湖南文理学院席在星实验师和杨友伟副教授,西北民族大学郭晓农副教授,哈尔滨工业大学张凤伟副教授和钱宇实验师,石河子大学闫洁副教授,青海大学祁得林教授,南京农业大学胡艳副教授。这些老师长期在高等院校讲授本科遗传学和遗传学实验课程,在如何利用有限的条件,选择开设遗传学实验项目,以及在实验操作方法上,都有着丰富的经验和见解。因此,本书的实际应用效果会得到大大的提升。

同时感谢塔里木大学徐雅丽、高山老师和大连海洋大学研究生高长富和郝薇薇在本书编写整理过程中给予的支持和辛勤付出,对这些老师和同学在编写过程中表现的合作精神,表示深深的敬意和谢意!

由于作者的水平和经验有限,时间仓促,书中会存在一些设计和编写的不足之处,真诚地希望使用本书的同行和读者给予批评指正,以利于我们不断改进。

编　者
2014 年 7 月

# 目 录

# 第一部分

# 实验基础知识

## 第一节　绪　　论

　　遗传学是一门实验性很强的学科,其基本知识和理论来源于科学实验。实验教学是强化理论课程的重要方式,是培养大学生实验科学概念和实验技能的重要途径。更重要的是,实验教学是培养学生综合分析能力、解决问题能力以及科学创新能力的重要方式。

　　遗传学实验课程教学的改革是提升遗传学理论课程教学质量的一个重要尝试。实验课程与理论课程在教学方式上的差异体现为:实验课程有一定比例的实验教学环节,而理论课程一般不强调有实验教学环节。在教学理念和教学内容方面,理论课程专注于理论知识的传授和理论逻辑的训练,而实验课程在为学生搭建一个理论框架的同时,通过实验教学环节来强化学生对理论知识的深入理解和实际运用。实验课程是实现理论联系实践,培养学生创新能力、应用能力的重要方式。实验教学,一方面使学生巩固所学理论知识,另一方面培养学生的实验操作技能和方法,同时也训练学生运用综合技能的能力,提高学生的竞争力。

### 一、课程设置与要求

　　为了强化学生基本实验技能和培养学生动手能力,提高学生综合运用知识的能力,激发学生的创新思维,本教材将遗传学实验分为基础性实验、综合性实验和设计研究性实验三类。其中动、植物细胞分裂标本的制备与观察,染色体显带技术等一些基本实验技术作为主要内容。本教材对各项实验技术的基本理论作了较系统的阐述,涵盖本学科最基本的实验操作和技能,包括基本仪器的使用,实验操作,实验报告撰写的基本要求,数据的记录、分析和处理,以及生物绘图。其中还包括一些传统的经典验证性实验,如果蝇相关实验,主要目的是探究科学实验的一般规律。综合性实验是指实验内容涉及本课程的综合知识或与本课程相关知识的实验。设计研究性实验的设立是创新教育的一部分,其目的是充分调动学生学习的主动性、积极性和创造性,并把所学的基础知识综合地应用于课题的立项、设计、实施、结果分析和论文撰写,通过这一系列的训练对学生施以教育和影响,使他们作为独立的个体,能够善于发现和认识有意义的新知识、新思想、新事物、新方法,掌握其中蕴含的基本规律,关键是使他们具有求新的意识和相应的能力。

　　实验设计将引导学生进行独立思考,进一步调动主动研究的积极性,训练科研设计能力;培养大学生的创新精神和实践能力,鼓励和支持学生尽早地参与科学研究、技术开发和社会实践等创新活动。在这部分实验中,教师仅提出一些问题,以期引导学生的创造性思维和激发学生的兴趣,自主设计实验思路、提出假设、收集资料并完成实验。如以核酸为出发点进行遗传多样性分析实验,其中有传统经典的分子遗传学实验,引导学生从多角度、多学科、多层次研究一个问题,建立整体的概念,强调实验现象的观察与思考、实验结果的讨论和解释,培养学生对遗传学研究的兴趣以及对事物整体研究的能力。遗传学实验对不同专业和不同年制的学生,将以不同的选择进行组合,达到培养目标的基本要求。

## 二、实验的基本要求

### (一)实验室的要求

在科学技术飞速发展的今天,无论从事哪个领域的研究,除了具备科学的理论设计之外,重要的是依赖于先进的技术和优良的仪器设备以及良好的研究环境。对于生物专业学生而言,实验室环境的设计以及设备的放置,对顺利完成实验以及撰写研究论文是非常重要的。

一个标准的遗传学实验室大致可以分为实验操作室、超净工作室、仪器分析室、离心机室、电泳室、通风室、电镜室、洗涤室等。虽然供学生用的实验室无法达到如此完备的程度,但是足以达到启发学生的实验思维和提高操作技能的目的。

### (二)实验课前的要求

遗传学实验是建立在对生物有相当了解的基础上,通过实验环节来强化学生对理论知识的深入理解和实际运用。实验教学是实现理论联系实际,培养学生应用能力和创新能力的重要途径。实验教学,一方面使学生巩固所学理论知识,另一方面培养学生实验操作技能和方法,同时也提高学生的综合技能。因此,学生必须了解实验课的特殊要求,尤其是在遗传学实验内容较多时,由于有时间限制,不可能反复多次进行同一实验,特别是在综合性实验时,学生对实验认识程度的差异、实验操作的个体化差异,以及技术熟练情况的差异,都可能对实验结果产生直接的影响,甚至导致实验完全失败。因此,进入实验室之前,学生需做到以下几点。

(1)在实验前熟悉每一个实验的相关理论和方法。

(2)在预习实验课内容时,特别注意建立实验技术的运用思维。

(3)了解试剂与器材在实验中的作用。

### (三)实验课上的要求

(1)学生应遵守实验室规则,牢记实验室的注意事项。保持良好的实验室秩序和纪律,是安全完成实验教学的保障。

(2)尊重教师的指导,提倡学生积极与教师进行交流、讨论。

(3)学生在实验中应具有严谨和实事求是的科学态度,规范、准确地进行实验操作。

(4)学生在实验中应仔细观察每一个实验的结果,并及时、客观地记录,联系理论课相关内容进行思考,力求理解每一个操作步骤和现象、结果间的相互联系。

在综合性实验中,学生必须学会用连贯、综合、大胆预测的思维方法去设计和安排实验。

(5)养成爱护实验器材、节约试剂、减少浪费、保护环境的良好实验习惯。特别是在使用试剂时,切勿为方便自己而污染试剂,影响他人使用。

### (四)实验课后的要求

(1)实验器材与试剂应放置整齐、有序、稳当,需清洗的物品应及时清洗干净。保持实台面的整洁。设备处于正常状态。

（2）认真整理实验记录并分析实验结果,绘图完成后检查图名、图注是否完整。

（3）完成实验报告,签名后交给教师评阅。

## 三、实验记录的要求

### （一）实验记录的基本要求

实验记录涉及实验工作能否顺利、持续地进行,以及能否得到真实、可靠的结果。实验记录不求完美,但求完整。

（1）实验者必须自己记录,不能让他人代记。

（2）随着实验步骤的进行及时记录,一般不做回忆性记录。如有回忆性记录,应注明。

（3）凡实验时用的记录草稿,应保存并粘贴在实验记录的相应部位。

（4）实验记录的修改不采用完全遮盖的方式,保留原始记录字样。

（5）实验记录应用水性笔,使笔迹能长期保留。

（6）实验记录是记录实验的过程和结果,但对每项实验,必须先记录实验设计的各项内容(包括关键步骤及试剂的配制方法和来源),每次实验结束时,应有分析性小结或总结。

（7）实验绘图应用铅笔,便于修改。

### （二）实验记录的具体内容

实验记录的具体内容有以下几个方面。

（1）实验目的、实验原理、材料与方法、实验结果、实验结果的分析与讨论和实验结论。

（2）实验时间和地点以及实验合作人。

（3）仪器的名称和编号、测试所得的所有数据。

（4）实验中的意外情况,如仪器故障、器材损坏、步骤出错等。

## 四、实验报告的撰写

实验报告的撰写是一项重要的基本技能训练,是科研论文写作的基础。参与实验的每位学生均应按课程要求写出实验报告。实验报告应文字简练、语句通顺,使用专业性词汇,具有较强的逻辑性和科学性,字迹清晰。

### （一）实验报告的内容

实验报告的内容有以下几个方面。

（1）一般项目:姓名、学号、实验日期。

（2）实验序号与题目。

（3）实验合作人的姓名。

（4）实验目的、实验原理、材料与方法、实验结果、实验结果的分析与讨论和实验结论。

### （二）实验结果

实验结果包含实验观察指标及其结果记录,根据实验的目的将原始记录系统化、条理化。一般可用叙述式、表格式和简图式表达。

**1．叙述式**

用文字将观察到的与实验目的有关的现象客观地进行描述,注意时间与顺序。

**2．表格式**

能够较为清楚地反映观察内容,有利于相互对比。每个图表应说明一定的中心内容。注意项目说明和计量单位。

**3．简图式**

用直方图表示实验数据和结果。

### (三)实验结果的分析与讨论

实验结果的分析与讨论是根据已知的理论知识对结果进行解释和分析,是作出结论前的逻辑论证。

(1)以实验结果为论据,论证实验目的,即判断实验是否达到预期的结果。

(2)实验结果提示了哪些新问题?是否出现了非预期结果,即异常现象?对此应分析其可能的原因。

(3)指出实验结果的意义。

### (四)实验结论

实验结论是从实验结果中归纳出的概括性判断,是对实验所能验证的概念、原则或理论的简明总结。学生应对实验结果进行客观分析,特别是要总结经验与失误。

## 五、生物绘图方法

### (一)生物绘图

在遗传学实验的学习和研究中,常常以绘图的形式将观察结果记录下来。绘制的图要有严密的科学性,要真实、准确地反映出被观察和研究材料的主要特征。绘图不仅可以代替烦琐的文字描述,而且具有文字描述所不具备的独特优点,即形象直观,让人一目了然。因此,生物绘图是学习和研究遗传学实验不可缺少的基本技能。怎样才能将显微结构图绘制得清晰、真实又具有代表性?关键在于要正确地观察,要养成耐心细致、严肃认真的观察习惯,同时对遗传学实验内容要了解。显微结构图的绘制不同于美术绘画:美术绘画常以密线条或疏线条涂抹阴影的方法来表示颜色深浅;显微结构图则不可用涂抹阴影的方法,而使用圆点的疏密表示物质的稀薄与浓密、颜色的深与浅,线条只能用来勾勒轮廓。整个图要求线条清晰,简单明了,让人看了既有真实感又能突出重点。

### (二)绘图步骤

(1)根据实验要求,细致观察,选出要画的部分:应选取较完整、典型和显著的部分。有时较好的部分并不集中在一处,可以把分散的部分凑成一个较完整的图画。

(2)确定图的大小和位置:一般构造简单的部分可画得小些(占纸面的 1/4 左右),构造复杂的部分可大些(占纸面的 1/2 左右),要防止画得太小,使很多部分挤在一起。

(3)绘图前,应根据绘图的数量和内容,合理安排图的位置:在每个图所布局的范围内,图要画在实验报告纸的稍偏左侧,图中各部分结构要在向右引出的平行线末端予以注明,引线要齐,注字要工整。在图的正下方注明图的名称,在绘图纸上方标明实验题目。

（4）选好所要绘制的部分后,先用较软的铅笔(HB)在纸上轻轻描一轮廓,表明要绘制的图的长度和宽度,然后画出标本的大致形状,包括各部分的联系。

（5）绘出全部轮廓后,要细致地核对标本,加以修改,然后用细尖的硬铅笔(2H～4H)以清晰的笔画绘出来。

### （三）绘图注意事项

（1）必须认真观察所画的对象,学习有关理论,弄清所需观察的结构,掌握各部分特征,画出结构中最本质和典型的部分。依据实际观察到的图像绘图,不要凭假想画或单纯以书本照抄、照画,要保证形态结构的准确性,达到生物绘图所具有的科学性。

（2）绘图应以科学、精确为主,首先一定要认真观察标本的形态结构,比例要正确,具有真实感、立体感、精美性。

（3）绘图时要一笔画出,粗细均匀,光滑清晰,切勿重复描绘。结构的明暗程度和颜色的深浅一般用圆点的疏密表示。圆点要整齐,切勿用涂抹阴影或画线条的方法代替圆点。

（4）在纸的一面绘图,铅笔粗细应合适,纸面要清洁、平整。

（5）绘图要注释完全,注释字体为正楷,注字画线要相互平行,图下方要留有充分的空间,便于教师做批语。

（6）绘图结束后,图纸要妥善保存,以备日后查阅。

## 六、参考文献

[1] 卢健.细胞与分子生物学实验教程[M].北京:人民卫生出版社,2010.

[2] 郭善利,刘林德.遗传学实验教程[M].北京:科学出版社,2004.

[3] 李雅轩,赵昕.遗传学综合实验[M].北京:科学出版社,2006.

[4] 王建波,方呈祥,鄢慧民,等.遗传学实验教程[M].武汉:武汉大学出版社,2004.

（大连海洋大学　仇雪梅）

# 第二节　遗传学实验课程的前期准备

## 一、遗传学实验工作规程和安全介绍

### （一）实验室规则

实验室是实验教学的重要场所。为了使实验课能够在文明、安全、有序的条件下进行,进入实验室后,教师须对学生进行简要安全知识培训。同学们须保持安静,自觉遵守纪律,按班级有秩序入座,未经教师允许不得擅自摆弄教学仪器、药品和模型标本等。

实验室具体规则如下,希望师生们共同遵守。

（1）学生在做实验前必须认真预习实验内容,熟悉本次实验的目的、原理、操作步骤,了解所用仪器的正确使用方法。

（2）要按时进入实验室,保持实验室安静,不许迟到和早退。如因特殊原因不能上实验课,应事先向教师请假,并商定补做实验的时间,无正当理由所缺实验不予补做。

（3）学生按学号顺序进行分组实验,座位固定不变,以便于管理。若需调换座位,要报告教师。

（4）学生应提前 5 min 进入实验室,实验过程中要严格按操作规程操作,并简要、准确地将实验结果和数据记录在实验记录本上,经指导教师签字后,再详细写出实验报告。

（5）实验台面应随时保持整洁,仪器、药品摆放整齐。公用试剂用完后,应立即盖严并放回原处。对于其他同学显微镜下观察的材料,不得随意移动或放到自己桌上。勿使试剂、药品洒在实验台面和地上。实验室内的一切物品,未经负责教师批准,不得擅自带出实验室,借物必须办理登记手续。

（6）悉心爱护实验室内一切公共财物,不准在实验室内乱刻、乱画。严禁随地吐痰、乱扔纸屑,更不允许在室内吸烟。不得喧哗,保持室内安静和整洁。

（7）药品和各种物品必须注意节约使用。要注意保持药品的纯净,千万不要将染料的滴管和滴瓶相互插错。实验中各组使用自己的标本、药品和器材,避免各组间混用。使用和洗涤仪器时,要小心仔细,防止损坏仪器。使用贵重的精密仪器时,应严格遵守操作规程,每次使用后应登记姓名并记录仪器使用情况,如发现故障要立即报告指导教师,不得擅自动手检修。

（8）每次实验应认真对待,观察要细心。通过绘图、文字记录来反映所观察的实验结果时要实事求是,不得抄袭。

（9）注意安全。不得将盛有易燃溶剂的实验容器靠近火焰,实验室内电线和插头较多,谨防触电。

（10）实验中出现打碎玻片标本、损坏仪器或仪器出现故障时,应如实向指导教师报告,以便及时处理。每次实验结束时,由班长安排轮流值日生,玻璃仪器需洗净放好,将实验台面擦拭干净,值日生要负责当天实验室的卫生、安全和一些服务性的工作(如关灯、关水、关窗和锁门)。实验完毕,经指导教师验收后才能离开实验室。教师或实验员在检查完电脑、投影仪等设施后最后离开实验室。

## （二）实验室安全介绍

实验室是高校进行实验教学和科学研究的重要场所。在进入实验室学习和工作前,一定要通晓实验室安全知识,掌握实验室安全技能。在遗传学实验室工作、学习,有时会与易燃、易爆、易腐蚀危险品,甚至毒性较强的化学药品接触,使用的器皿大多是易碎的玻璃和陶瓷制品,实验中也常用高温电热设备和各种高、低压仪器,因而在实验中难免有许多危险存在。每一位在遗传学实验室学习和工作的人员都必须具备充分的安全意识、严格的防范措施和丰富实用的防护救治知识。教师应当经常对学生进行实验室安全教育,将安全隐患消灭在萌芽状态,防患于未然。

### 1. 实验室日常管理

（1）实验室应该留有观察窗,门口张贴安全责任人信息或悬挂信息牌,内容包括安全风险点的警示标志、安全责任人、涉及危险类别、防护措施和有效的应急联系电话等,并及时更新。

（2）实验室的各种物品应堆放整齐,保持室内通风、地面干燥,及时清理废旧物品,保持消防通道畅通无阻,便于取放防护用品、消防器材和关闭总电源。

(3) 实验室管理人员要指定工作人员对本实验室安全工作进行监督和检查。

(4) 凡是进入实验室的人员必须接受危险源安全知识、安全技能、操作规程等相关培训,未经相关安全教育并取得合格成绩的人员不得进入实验室。

(5) 进入实验室开展实验之前,指导教师须首先讲明与本实验室、本实验内容相关的安全知识和要求。

(6) 实验人员应熟悉实验环境,熟悉水、电、气阀门以及安全通道的位置,牢记急救电话号码。应熟悉灭火等应急设备的位置及使用方法。

(7) 实验室内严禁吸烟、饮食、睡觉、使用明火电源,不得放置与实验室无关的物品,严禁打闹。严禁穿拖鞋、短裤及背心进入实验室。

(8) 进入实验室要做好个人必要的防护。特别要注意易燃易爆等化学药品、辐射物、危害性生物、特种设备、机械传动装置、高温高压装置等对人体的伤害。

(9) 实验人员须遵守实验室的各项规定,严格执行操作规程,做好各类登记。应了解实验室潜在的风险及应急方式,采取必要的安全防护措施。

(10) 开展实验时要密切关注实验进展状况,不得擅自脱岗。进行危险实验时至少应有两人在场。严禁将实验室内任何物品私自带出实验室。实验中如发生异常情况,应该及时向指导教师汇报并及时进行必要的安全处理。

(11) 实验结束后最后一个离开实验室的人必须检查并关闭整个实验室的水、电、气阀门以及门窗。

(12) 一旦发生火灾、爆炸以及危险品丢失、泄露、严重污染和超剂量辐射等安全事故,须立即根据情况启动事故应急处理方案,且采取有效应急措施,同时向学校主管部门、保卫部报告,必要时须向当地公安、环保、卫生等行政主管部门报告,事故经过和处理情况须详细记录并且存档。

**2. 常见危险化学药品类型**

危险化学品是指具有毒害、腐蚀、爆炸、燃烧、助燃等性质,对人体、设施、环境具有危害的剧毒化品和其他化学品。

实验室常见危险化学药品类型、特性等见表 1-2-1。

表 1-2-1 实验室常见危险化学药品

| 类 型 | 特 性 | 物品举例 | 整改方法 |
|---|---|---|---|
| 氧化剂 | 遇酸碱、摩擦、强热、冲击或与可燃物、还原剂接触能引起燃烧或爆炸 | 过氧化氢 | 备用以下的防护药品和防护工具:橡胶手套、防护眼镜、5% 碳酸氢钠溶液、2% 硼酸溶液、甘油、氧化镁 |
| 腐蚀品 | 具有强烈的氧化性、腐蚀性、稀释放热性,与还原剂接触或遇水时放出大量的热,易引起燃烧或液体飞溅 | 浓盐酸、浓硫酸 | |
| 易燃液体 | 遇火、受热或与氧化剂接触时能着火或爆炸 | 乙醚、酒精 | |
| 有毒品 | 扰乱或破坏机体正常生理功能,引起可逆性或不可逆性病理状态 | 四氧化碳 | |

**3. 常见危险化学药品管理**

1) 化学品采购

(1) 一般化学品应从具有化学品经营许可资质的正规公司购买。

（2）容易制造毒品、爆炸物等的危险化学品的采购应自觉、主动受公安机关的管控。需经过院系申请，学校实验室管理部门与保卫部等审批，填写《易制毒化学品购买申请表》《购买易制爆危险化学品备案登记表》，由管理人员登录"危险化学品治安管理信息系统"进行网上备案，获得公安机关的审批后统一采购。

（3）个人不得购买、转让和出售易制毒、易制爆危险化学品。

2）化学品的保存

保存化学品的一般原则如下：

（1）存放化学品的场所应保持整洁、通风、隔热，远离热源、火源、电源和水源等。

（2）实验室不得存放大量试剂，严禁囤积大量的易燃易爆品以及强氧化剂，严禁把实验室当作仓库使用。

（3）化学品应分类密封存放，不得将相互作用会发生剧烈反应的化学品混放。

（4）对于所有化学品，都应在其容器表面贴上标签。配制的试剂、反应产物等，应该标明名称、浓度、纯度、责任人和日期等信息。如发现异常应该及时检查验证，不可盲目使用。

（5）实验室应该建立化学品台账并及时更新，及时清理没有标签和废弃的化学品，消除安全隐患。

危险品存放要求如下：

（1）易制毒、易制爆危险化学品应分类存放、专人保管，做好领取、使用和处置记录，配备具有防盗功能的专用储存柜，实行双人双锁管理制度。危险化学品的存放区域应设置醒目的安全标志。化学品储藏柜颜色分类如下：黄色指示易燃液体；红色指示可燃液体；蓝色指示腐蚀性液体。

（2）对于化学性质或防火、灭火方法相互抵触的危险化学品，不得在同一储存室内存放。

（3）易爆品应该与易燃品、氧化剂分开存放，保存在防爆试剂柜、防爆冰箱内。

（4）腐蚀品需放置于专用腐蚀品柜的下层，或者在其下面铺垫防腐蚀的托盘，置于普通试剂柜的下层。

（5）还原剂、有机物等不可与氧化剂（如浓硫酸、硝酸）混合放置，实验中常用的强氧化剂（如高氯酸、高碘酸盐、高锰酸钾、双氧水等）须单独存放，且不宜与有机试剂共存于一室。

（6）强酸尤其是硫酸不能与强氧化剂的盐类（如高锰酸钾、硫酸钾等）混放。遇酸可产生有害气体的盐类（如氰化钾、硫化钠、亚硝酸钠、亚硫酸钠等）不能与酸混放。

（7）易产生有毒气体或者有刺激性气味的化学品，应该存放在配有通风吸收装置的药品柜内。

（8）实验室应该只保存满足日常使用量的化学品，不得储存过量化学品，遵循"用多少领多少"的原则，所有化学品都应有清晰的标志或标签。

（9）遇火、遇潮容易燃烧、爆炸或产生有毒气体的危险化学药品，不得在露天、潮湿的地方存放。

（10）受阳光照射易燃烧、易爆炸或产生有毒气体的危险化学药品应当在阴凉通风处存放。日光可直接照射的房间必须备有窗帘，在日光照射到的地方不应放置遇热易蒸发的物品。

3）化学品的使用

（1）进行实验之前，应先阅读使用化学品的安全技术说明书，接受相应的安全技术培训，了解化学品特性、影响因素与正确处理事故的方法，采取必要的防护措施。严禁盲目操作，必须有相关的操作规程，并以国家和行业的相应规定为标准，严格执行。

（2）实验人员应该佩戴防护眼镜，穿着适合的实验工作服，确保皮肤未暴露于实验环境之下。

（3）严格按实验规程操作，在能够达到实验目的和效果的前提下，尽量减少药品用量，或者用危险性低的药品替代危险性高的药品。

（4）使用化学品时，尽量避免直接接触药品，应按照正规操作程序进行。

（5）严禁在密闭体系中用明火加热有机溶剂，不得在普通冰箱中存放易燃有机物。

（6）使用剧毒化学品、爆炸性物品或强挥发性、刺激性、恶臭化学品时，应在通风良好的条件下进行。

（7）勿研磨可引起燃爆事故的性质不相容物，如氧化剂与易燃物。

（8）对易制毒化学品应谨慎保管，只能用于合法途径，切勿挪作他用，不得私自转让或赠予其他单位或个人。

（9）加强流向监控，实时记录在案，使用剧毒化学品、易制毒化学品、爆炸品、易制爆化学品应逐次记录备查。

（10）禁止个人在互联网上发布危险化学品信息，不得泄露易爆炸易制毒化学品的制作流程。

**4. 设备操作规范化**

（1）使用液氮时要戴手套、眼镜，以免液氮溅到身体上引起冻伤。在液氮中存放样品时，EP 管易炸裂，应使用冻存管。

（2）使用微波炉时必须近前看守，防止琼脂糖等溢出。

（3）使用灭菌锅时要注意其安全性，锅内的水要及时补充。对高压容器应合理存放，易燃与助燃气瓶分开放置，离明火 10 m 以上。

（4）使用离心机时要精确配平，切不可粗略估计，以防离心机受损；待转子停稳后再开盖。

**5. 化学废弃物的简单处理**

高等学校不但要教育学生加强环保意识，还要在实验教学过程体现环保意识。化学废弃物的危险性主要有两个方面：第一，对身体的危险性，主要是导致过敏症状、刺激性、供氧不足、晕厥和麻醉、中毒症状、尘肺以及致癌、致畸、致突变等；第二，对生态自然环境的危险性，化学废弃物不仅可以直接破坏环境，并且有一些化学废弃物在生态自然环境中经有机化学或生物转化产生二次环境污染，危险性更大。

（1）易挥发有机试剂多用于溶解过程，一般情况下用量不大，可开启门窗或使用换气扇，由其自然挥发稀释。

（2）各实验室内有害气体、污水、废酸、碱液应经适当的无害化处理，达到处理标准后才能排放，不能直接将废弃化学品倒入下水道。

（3）对于部分有毒、有害重金属盐废液，应将其收集，调节 pH 至 8 以上，加硫氢化钠、明矾，生成沉淀，再用活性炭过滤，使滤液基本达到国家规定的排放标准，滤渣干燥后集中深埋。

（4）对于难以进行无害化处理的化学废弃物，将其收集，外部须标明废弃物内容及其危害。除此之外，应当确保容器密闭不破碎。

（5）处理有毒、有害实验废弃物时，严禁随意掩埋、倾倒、丢弃。如手套、枪头及包装用塑料制品应使用特制的耐高压超薄塑料容器收集，回收处理前定期灭菌；对于注射器、吸管、离心管等尖锐器具，应防止其扎破塑料容器；废弃的玻璃制品和金属物品应使用专用容器分类收集，统一回收处理；受危险化学品污染的物品须存放在指定的塑料垃圾袋内，定期由专人统一处理。

（6）高浓度有机废液的处理，多采用以"水解酸化 ＋ 接触氧化"为主体的生化处理工艺，该工艺能有效去除水中有机物、悬浮物。

（7）难以处理的化学废弃物，按实验室规定使用专用容器收集并醒目标识。将重金属、甲酰胺、氰化物、二甲基亚砜（DMSO）、溴化乙锭（EB）、IPTG、丙烯酰胺、过硫酸铵、四甲基乙二胺（TEMED）、二硫苏糖醇（DTT）等及其结合物进行分级、分类收集，切勿将这些废液互相混合，如过氧化物与硫化物、氰化物、有机物，次氯酸盐与酸等。要使用完好无损、不会被废液腐蚀的容器进行收集，定期由专人统一处理。

（8）具有长期积累效应的毒物，被吸收入人体后不易排出，在人体内累积，导致慢性中毒。例如：苯、铅化合物，尤其是有机铅化合物；汞和汞化合物，特别是液态的有机汞化合物和二价汞盐。利用此类有毒化学药品时，应有妥善的防护措施，避免吸入其蒸气和粉尘，不要让它们接触皮肤。误服汞及其化合物中毒者，应立即用碳酸氢钠或温水洗胃催吐，然后口服生蛋清、牛奶或豆浆，吸附毒物，再用硫酸镁导泻。吸入汞中毒者，应立即撤离现场，更换衣物。

（9）有毒气体和挥发性的有毒液体必须在通风情况较好的通风柜中进行操作。汞应盛放在搪瓷盘上以防止溅出的汞流失，且不能直接将汞暴露于空气中，应用水掩盖其表面。

（10）对于针头，应统一收集，置于利器盒内，按医疗废弃物处置。严禁用编织袋、塑料袋包装。

（11）实验室废液桶应当使用二次防渗漏托盘，防止盛放或倾倒时发生渗漏，严禁向下水道倾倒实验室废液。

### 6. 消防安全

火灾对实验室的威胁最大，一旦发生，可能给实验室的人员和财产造成严重的损失。实验室起火的原因有电源、开关、电线年久失修，电流短路、不安全地使用电炉、吸烟者乱扔烟头、煤气泄漏。另外，还有一些易燃易爆物品，包括酒精、煤气、汽油等燃料，氧气、氢气等气体，松香、硫黄、无机磷等固体，二甲苯、丙酮、乙醚、松节油、三硝基苯磺酸、苦味酸等液体，它们在一定条件下极易引起燃烧或爆炸，必须妥善安置，正确使用。

为防患于未然，实验室必须配备一定数量的消防器材，并按消防规定保管使用。

1）实验室火灾隐患

（1）明火加热设备引起火灾。实验室里面采用加热器具、设备，增加了火灾危险性。加热设备如果运行时间太长，容易出现故障，造成火灾。

（2）违反操作规程引起火灾。

不规范的实验操作很容易引起火灾、爆炸事故。

（3）易燃易爆危险品引起火灾。

（4）化学废弃物引起火灾。

（5）用电不规范或者电路老化引起火灾。私拉乱接电线、仪器设备超过使用年限或损坏后未检修、电源插座附近堆放易燃易爆物品、一个插座上通过转换器连接多个用电器、超负荷用电等，均可造成火灾。

（6）违规吸烟或者乱丢烟头引起火灾。

2）实验室防火须知

（1）坚持"以防为主，以消为辅"的方针，健全防火制度，制定防火措施，并定岗到人，逐项落实。

（2）严禁在实验室吸烟。

（3）严禁使用非实验工作用电炉、电烤箱等电热器具；凡经批准用于实验工作的，必须定点使用，周围不得存有各类易燃物品。

（4）使用的电烙铁要放在不燃性支架上，周围不得堆放可燃物。使用完毕，应及时切断电源。

（5）凡有变压器、电感线圈的设备，必须置于不燃性基座上。实验工作中同时启动的用电设备，其总功率不许超过该室所配电气设施的额定负荷。

（6）各类实验用原材料等物品应妥善保管、整齐存放；废弃的杂物应及时清理，不准乱扔乱抛。

（7）凡配备的灭火器等消防设备要确保完好，妥善保管，严禁挪作他用或随便挪位。

（8）废弃有机溶剂不得倒入废物桶，只能倒入回收瓶内，再集中处理；量少时，用水稀释后排入下水道。

（9）不得在烘箱内存放、烘焙有机物。

（10）使用可燃物，特别是易燃物（如乙醚、丙酮、乙醇、苯、金属钠等）时，应特别小心，只取少量药品，用完再取，且不应放在靠近火焰处。如果不慎洒出相当量的易燃液体，应按以下方法处理：立即切断室内所有的电加热器的电源和火源；关门，开启窗户；用毛巾或抹布擦拭洒出的液体，并将液体回收到大的带塞的瓶内。

（11）易燃、易爆物质的残渣不得倒入污物桶或槽中，应收集在指定的容器中。

（12）严禁在密闭体系中用明火加热有机溶剂，只能使用加热套或水浴加热。

（13）在有明火的实验台面上，不允许放置盛有有机溶剂的开口容器或倾倒有机溶剂。

（14）启动各类设备时，要严格操作规程；严格遵守易燃、易爆化学药品的保管、使用制度，不得麻痹大意。

（15）实验室各类人员必须熟悉掌握本室各类灭火器材的效能、适用范围和使用方法等知识。做到懂本岗位火灾危险性，懂预防措施，懂扑救方法；还应做到会报警，会使用各类灭火器材，会采取紧急避难措施。

3）实验室防火自救基本常识

（1）灭火基础知识。

灭火主要是从三个方面采取措施：控制可燃物，控制造成燃烧的物质基础，缩小燃烧范围；隔绝空气，防止构成燃烧的助燃条件；消除着火源，消除激发燃烧的热源。

a.冷却法：对一般可燃物火灾，用水喷洒即可灭火。

b.窒息法：将二氧化碳、氮气、灭火毯、石棉布、沙子等不燃烧或者难以燃烧的物品覆盖在火源上，使其熄灭。

c.隔离法：将可燃物附近容易燃烧的物品撤离到远离火源区域。

d.化学中断法：采用卤代烷化学灭火剂，对准火焰根部喷射，覆盖火焰，抑制燃烧化学反应，致使燃烧中断，达到灭火的目的。

（2）火灾初期的紧急处理。

发现火灾时立即呼叫、示警周围人员，积极组织灭火。如果火势小，立即报告所在楼宇管理人员和保卫部；如果火势大，应该拨打"119"火警电话。拨打"119"火警电话时要镇定，说清楚火灾发生的单位名称、地址、起火楼宇和房间号、起火物品及种类、火势大小、有无易燃易爆有毒物品、是否有人被困、报警人员姓名电话等。直至接警人员回复已出警，方可挂断电话，并且派人在校门口等候,引导消防车迅速准确到达起火地点。

(3)消防器材的使用方法。

实验人员要了解实验药品的特性,及时做好防护措施;要了解消火栓、各类灭火器、沙箱、灭火毯等消防器材的使用方法。

a.消火栓(图 1-2-1,又叫消防栓):打开箱门,拉出水带。水带一头连接消火栓接口,另一头连接消防水枪。打开消火栓上的水阀开关。用箱内小榔头击碎消防箱上端的按钮玻璃,用力按下启动按钮,按钮上端的指示灯亮,说明消防泵已经启动,消防水可不间断地喷射灭火。切记出水之前要关闭火场的电源,防止触电。

(a)         (b)

图 1-2-1 消防栓

b.常用灭火器包括干粉灭火器和二氧化碳灭火器。

干粉灭火器主要针对各种易燃、可燃液体以及带电设备的初始灭火。不宜扑灭精密机械设备、精密仪器、电动机等的火灾。

二氧化碳灭火器主要用于各种易燃、可燃液体火灾,扑救仪器仪表、图书档案以及低压电气设备等初始灭火。

操作要领:将灭火器提到离燃烧物品 3~5 m 处,放下灭火器,拉开保险插销,然后右手用力握压手柄,左手握住皮管,对准火源根部喷射。

4)火场自救与逃生常识

(1)安全出口要牢记。应该对实验室逃生路径了如指掌,留心疏散通道、安全出口及方位等,以便在关键时刻逃离火灾现场。

(2)防烟堵火是关键。当火势还没有蔓延至房间时,须紧闭门窗,堵塞孔隙,防止烟火传入。如果发现门、墙体发热,说明火已经逼近,此时万不可打开门窗,要用水打湿衣物等堵住门窗,用水喷洒降温。

(3)做好烟熏防护。逃生经过充满烟雾的通道时,为了防止吸入浓烟,可采用打湿的衣物、口罩捂住嘴巴和鼻孔,以俯身行走,伏地爬行的办法撤离火场。

(4)生命安全最重要。发生火灾时,须尽快撤离,切记不可把宝贵的逃生时间浪费在寻找、搬离贵重物品上;已经逃离险境的人员,切莫重返火场。

(5)突遇浓烟和烈火时,一定要保持冷静,尽快远离危险境地。不要在逃生时大喊大叫。

应该从高楼层向低楼层处逃生。如果无法向下逃生,可退至楼顶,等待救援。

(6) 发生火情时勿乘坐电梯逃生,火灾发生后要依据情况选择较为安全的楼梯通道。

(7) 被烟火围困暂时无法逃离,应该尽量待在实验室窗口等容易被人发现的地方和能够避免烟火接近的地方,及时发出有效的求救信号,引起救援者的注意。

(8) 当身体衣物着火时,不可乱跑和拍打,应该立即脱去衣物或者就地打滚,扑灭火苗。

(9) 在安全通道火势过大无法安全通过,并且救援人员不能及时赶到的情况下,可以迅速利用身边的衣物、窗帘等自制简易逃生绳索;在确保自制绳索牢固安全的情况下,沿着绳索滑到下面楼层或者地面安全逃生;不得已跳楼时,应尽量向救生气垫中间跳或者是有草坪树木的地方跳,以减小落地时的冲击力。

(10) 密闭房间着火时,注意不要急于开启门窗,以防止空气进入而加大火势。

**7. 防爆**

实验室中经常使用易燃、易爆以及强氧化型的试剂、气体等,同时经常进行加热、灼烧、蒸馏等实验操作,随时存在着火、爆炸的可能。在实验室内防止爆炸事故的发生是极为重要的,因为一旦发生爆炸,其毁坏力极大,后果将十分严重。

1) 一般爆炸原因

(1) 室内积聚大量的易燃易爆气体。

(2) 在加压或减压实验中使用了不耐压的玻璃仪器,或因反应过于激烈而失去控制。

(3) 随意混合化学药品,并使其受热、受摩擦或撞击。下面是部分加热时会发生爆炸的混合物:镁粉-重铬酸铵、镁粉-硝酸银(遇水产生剧烈爆炸)、氯化亚锡-硝酸铋、镁粉-硫黄、浓硫酸-高锰酸钾、锌粉-硫黄、三氯甲烷-丙酮、铝粉-氧化铅、铝粉-氧化铜。

(4) 高压气瓶减压阀失灵或摔坏。

2) 预防措施

(1) 控制易爆物质的使用。在确保实验可以保质保量进行下去的前提下,尽量不用或少用危险化学品。特别是在选择有机溶剂时,尽量选用爆炸危险性低的品种。

(2) 加强容器设备的密封性,不能用气密性不好的容器盛装易燃易爆气体,不耐压的容器不能充装压缩气体。

(3) 加强通风,避免可燃气体爆炸,通风后可燃物质在空气中的浓度一般会小于或等于爆炸下限的四分之一。

(4) 勿用带有磨口塞的玻璃瓶盛装爆炸性物质。对于盛装危险化学品的容器,务必保证没有任何化学残留,以避免与其他异物反应。防止爆炸的基本原理是使用惰性气体降低空气中氧的含量,应在惰性气体保护下使用爆炸性物质。

(5) 易燃易爆的实验操作要在通风柜中进行,操作人员需穿戴相应的防护器具。实验完毕,及时销毁残存的易燃易爆物,并按规定处理"三废"。实验室废液不能随便倾倒与互混,有机溶剂会随水流而挥发并与空气形成爆炸性混合气体。

(6) 取出的试剂药品不得随便倒回瓶中,也不能随手倾入污物缸,应征求教师意见后再加以处理。

(7) 在做高压或减压实验时,应使用防护屏或戴防护面罩。

(8) 不得让气体钢瓶在地上滚动,不得撞击钢瓶表头,更不得随意调换表头。搬运钢瓶时应使用钢瓶车。

(9) 在制备和使用易燃、易爆气体(如氢气、乙炔等)时,必须在通风柜内进行,并不得在其附近点火。

（10）煤气灯用完后或中途煤气供应中断时，应立即关闭煤气阀。若遇煤气泄漏，必须立即停止实验，报告教师检修。

**8. 水电安全**

1）用电安全

（1）实验室内电器安装和使用管理应该符合安全用电管理规定，大功率设备应该使用专线，防止因超负荷用电而引发火灾。

（2）实验室内应该使用空气开关并且配有漏电保护装置，电器设备和大型仪器须接地良好，对电线老化等安全隐患要及时排查并消除，长期搁置的电器设备要定期维护。

（3）熔断装置所应用的保险丝应该与线路额定容量相匹配，严禁用其他导线替代。

（4）定期检查电线、插头和插座，排查电路电线、用电设备，发现损坏，立即更换。

（5）严禁在电源插座附近堆放易燃物品，严禁在一个电源插座上通过插线板连接多个用电器。

（6）非专业人员不得私拉乱接电线。墙上电源未经容许，不得私自拆装和改造。

（7）实验前先连接线路，检查用电设备，确认仪器设备状态完好，方可接通电源。实验结束后须先关闭仪器设备，再切断电源，最后拆除线路。

（8）严禁带电清理、清洗电器设备，严禁在有水或者潮湿状态下开、关或维修电器设备。

（9）电器设备应具有良好的散热环境，远离热源和可燃物品，确保电器设备接地可靠。

（10）在使用高压灭菌锅、烘箱等电热设备过程中，实验人员不得离开。

（11）对于长时间不间断使用的电器设备，须采用必要的预防措施。如果较长时间离开房间，应该切断电源。

（12）高压大电流的电气危险场所，应该设立危险警示标志。做高电压实验时应该保持一定的安全距离。

发生电器火灾时，首先应该切断电源，尽快拉闸断电后进行灭火。扑灭电器火灾时，要使用绝缘性能较好的灭火剂（如干粉灭火剂、二氧化碳灭火剂）或者干燥的沙子，切不可使用水等容易导电的灭火剂。

2）触电救援

如发生触电事故，应让触电者迅速脱离电源，方法如下：

（1）当电源开关或者电源插头在事故现场附近时，可立即将电源开关关闭或者将插头拔掉，使触电者脱离电源。

（2）用绝缘物体如干燥木棍拨开电线，使触电者脱离电源，切不可直接拖拽触电者。

（3）使用工具时，一般采用绝缘工具（如胶把钳子）切断电线。

（4）如果遇到高压触电事故，应该立即通知有关部门停电。

现场急救方法如下：

（1）迅速切断电源。如果无法切断电源，可利用干木条或绝缘橡胶手套等迅速让触电者脱离电源。

（2）将触电者迅速转移至附近通风干燥的地方，让其仰卧，解开其衣服，使其全身舒展。

（3）如果触电者处于休克状态，并且心脏停搏或停止呼吸，要立即施行人工呼吸或心脏按压。

（4）不管有无外伤，都要立即送医院进行处理。

3) 用水安全

（1）了解实验楼各级阀门所在位置。

（2）水阀或者水管漏水、下水道堵塞时，应该及时联系修理梳通。

（3）应该保持水槽和排水渠道畅通。

（4）杜绝自来水阀打开而无人监管的现象。

（5）输水管道应该使用橡胶管，不得使用乳胶管，水管和水阀、仪器的连接处应该采用管箍卡紧，防止漏水。

（6）定期检查冷却水装置的连接胶管和接口是否老化，发现问题及时更换，防止漏水。

（7）实验室发生漏水和浸水时应立即关闭水阀。发生水灾或者水管爆裂时，应该首先切断室内电源，转移仪器以防被水浸泡，组织人员清除积水，及时报告维修人员进行处置。如果仪器设备已经进水，需要报请维修人员进行维护。

**9. 防中毒**

实验室中常见的重金属、氰化物、溴化乙锭、砷化物、铬酸盐、丙烯酰胺、甲酰胺、焦碳酸二乙酯（DEPC）、IPTG、二甲基亚砜、二硫苏糖醇、四甲基乙二胺、过硫酸铵等及其结合物是生物实验中最主要的有毒物品。这类物品不仅对人毒性高、危险性大，而且对环境的危害和影响也极大。此外，废弃的酸溶液、碱溶液、有机溶剂、凝胶、培养基（液）、洗脱液等实验废弃物也是不可忽视的安全影响因素。中毒的原因主要是违反操作规程，不慎吸入、误食或皮肤渗入。

1) 注意事项

（1）严禁用口吸取（或用皮肤接触）有毒药品。凡是进行产生有毒烟雾、蒸气、粉尘和不良气味的实验，都要佩戴护目镜保护好眼睛，并在通风柜内进行。当有人吸入有毒气体时，应先将中毒者转移到室外，解开衣领和纽扣，让患者进行深呼吸；必要时进行人工呼吸，待呼吸好转后，立即转送医院治疗。

（2）取用有毒物品时，必须戴橡胶手套。

（3）吞食并不常见，主要发生于误食。严禁在实验室内饮水、进食、吸烟，禁止打赤膊和穿拖鞋，不能在实验室冰箱内存放食物。离开实验室时要彻底洗手，最好到卫生间将手、脸洗净。已溅入口中尚未咽下者应立即吐出，再用大量水冲洗口腔。已经吞下者，应根据毒物性质给以解毒剂，并立即送医院。实验室内应尽量佩戴口罩。

（4）不要用乙醇等有机溶剂冲洗溅洒在皮肤上的药品。

2) 应急救援

实验室里应准备一个完备的小药箱，专供急救时使用。药箱内应备有医用酒精、紫药水、红药水、鱼肝油、止血粉、烫伤油膏（或万花油）、创可贴、1%硼酸溶液或2%醋酸（乙酸）溶液、20%硫代硫酸钠溶液、1%碳酸氢钠溶液、医用镊子和剪刀、药棉、纱布、棉签、绷带等。发生化学安全事故时，应立即报告教师，并积极采取措施进行应急救援，然后送医院治疗。

（1）化学烧灼伤。

应立即脱去沾染化学品的衣物。若遇到衣物与皮肤粘连，应先剪去周围部分，并即刻去医院救治。烧伤面较小时，可先用冷水冲洗30 min左右，再涂抹烧伤膏；当烧伤面积较大时，可用冷水浸湿的干净衣物（或纱布、被单）敷在创伤处，然后就医。处理时，应尽可能保持水疱皮的完整性，不要撕去受损的皮肤，切勿涂抹有色药物或其他物质（如红汞、牙膏等），以免影响对创面深度的判断和处理。

（2）化学腐蚀。

应迅速除去被污染衣服，必要时可以用剪刀将衣服剪开，及时用大量清水冲洗（紧急喷淋器冲洗 15 min）或用合适的溶剂、溶液洗涤创伤面。保持创伤面洁净，以待医务人员治疗。若溅入眼内，应立即用细水长时间冲洗（洗眼器冲洗 10～15 min）；如果只溅入单侧眼睛，冲洗时应避免水流流经未受损的眼睛。经过紧急处置后，马上到医院进行治疗。

（3）化学冻伤。

应迅速脱离低温环境和冰冻物体，用 40 ℃左右温水将患处冰冻物融化后，将衣物脱下或剪开，患处复温后立即就医。

（4）吸入化学品中毒。

a.立即采取相应措施切断毒源（如关闭管道阀门、堵塞泄漏的设备等），并打开门、窗，降低空气中毒物浓度。

b.迅速将伤员救离现场，搬至空气新鲜、流通的地方，松开领口、紧身衣服和腰带，以利呼吸畅通，使毒物尽快排出。

c.对心跳、呼吸停止者，应现场进行人工呼吸和胸外心脏按压，同时拨打"120"电话求救。

d.救护者在进入毒区抢救之前，应佩戴好防护面具和防护服。

（5）误食化学品中毒。

a.误食一般化学品时，可立即吞服牛奶、淀粉、水等，引吐或导泻，同时迅速送医院治疗。

b.误食强酸时，立刻饮服牛奶、水等，迅速稀释，再服食 10 多个打匀的蛋做缓和剂，迅速送医院治疗。急救时，不要随意催吐、洗胃。

c.误食强碱时，立即饮服 500 mL 食用醋稀释液（1 份醋加 4 份水）或鲜橘子汁将其稀释，再服食生蛋清、牛奶等，迅速送医院治疗。急救时，不要随意催吐、洗胃。

d.误食农药时，对于有机氯中毒，应立即催吐、洗胃，可用 1%～5%碳酸氢钠溶液或温水洗胃，随后灌入 60 mL 50%硫酸镁溶液，迅速送医院治疗。对于有机磷中毒，一般可用 1%食盐水或 1%～2%碳酸氢钠溶液洗胃，也迅速送医院治疗。

e.硫化氢中毒时，立即将患者转移到室外空气新鲜的地方，保持安静。

f.丙酮致命剂量为 5 g，如有人误服此物质，应可用洗胃或服用催吐剂的方法除去胃中的药物，随后应服泻药；若呼吸困难，应给患者输氧。

g.汞致命剂量为 70 mg，如有人误服此物质，应立即洗胃，也可口服生蛋清、牛奶和活性炭做沉淀剂；导泻时用 50%硫酸镁溶液，常用的汞解毒剂有二巯基丙醇、二巯基丙磺酸钠。

**10. 设备安全**

1）一般设备及设施安全

使用设备前，了解其操作程序和步骤，严格执行其要求规范操作，并采取必要的防护措施。对于精密仪器或贵重仪器，应熟悉其操作规程，做好仪器启动前的准备工作，配备稳压电源、不间断电源（UPS），必要时可采用双路供电。设备使用完必须及时清理，做好使用记录和维护工作。设备如出现故障应暂停使用，及时报告、维修，并贴上"已损坏"标签，防止有人在不知情的情况下使用。

（1）冰箱。

a.冰箱应放置在通风良好处，周围不得有热源、易燃易爆品、气瓶等，摆放位置空间大小要合理。不得在冰箱周围、上面堆放影响散热的杂物。

b.存放危险化学品的冰箱应粘贴警示标志；冰箱内药品须粘贴标签，并定期清理。

c.危险化学品须储存在防爆冰箱内。存放易挥发有机试剂的容器应加盖密封,避免试剂挥发至箱体内并积聚。

d.存放强酸、强碱及腐蚀性的物品应选择耐腐蚀的容器,置于托盘上方可放入冰箱。

e.存放在冰箱内的容量瓶、烧瓶等重心较高的容器应加以固定或放置到里层,防止在开关冰箱门时倾倒或破裂。

f.若冰箱停止工作,应及时转移需低温保存的药品。

（2）高速离心机。

a.高速离心机应安放在水平、坚固的平台上,启动之前应扣紧盖子。

b.选择合适的转子、离心管,离心管安放应间隔均匀,确保平衡。

c.确保分离开关工作正常,未切断电源时不能打开离心机盖子。

（3）加热设备。

a.使用加热设备时,严格按照操作规程进行操作,采取必要的防护措施。使用时,人员不得离岗;使用完毕,应立即断开电源。

b.加热、产热仪器设备须放置在阻燃的、稳固的实验台上或地面上,不得在其周围或上方堆放易燃易爆物或杂物。

c.禁止用电热设备直接烘烤溶剂、油品等易燃、可燃挥发物。若加热时会产生有毒有害气体,应放在通风柜中进行。

d.应在断电的情况下,采取戴手套等安全方式取放被加热的物品。

e.使用管式电阻炉时,应确保导线与加热棒接触良好;含有水分的气体应先经过干燥后,方能通入炉内。

f.使用电热枪时,不可对着人体的任何部位。

g.使用电吹风和电热枪后,需进行自然冷却,不得阻塞或覆盖其出风口和入风口。用毕应及时拔除插头。

（4）通风柜。

a.通风柜内及其下方的柜子不能存放化学品。

b.使用前,检查通风柜内的抽风系统和其他部件是否运作正常。若出现故障,应立即停止实验,关闭柜门并联系维修人员检修。

c.应在距离通风柜至少15 cm的地方进行操作。操作时应尽量减少在通风柜内以及调节门前进行大幅度动作的次数。人员不操作时,应确保玻璃视窗处于关闭状态。

d.切勿用物件阻挡通风柜排气口和柜内排气通道。

e.定期检测通风柜的抽风能力,确保通风效果。

f.进行实验时,人员头、胸部绝不可伸进通风柜;操作人员应将玻璃视窗调节至手肘处,使胸部以上受玻璃视窗保护。

g.每次使用完毕,应彻底清理、清洗工作台和仪器。对于被污染的通风柜,应挂上明显的警示牌,并告知其他人员,以免造成不必要的伤害。

（5）紧急喷淋洗眼装置。

a.紧急喷淋洗眼装置既有喷淋系统,又有洗眼系统。

b.紧急情况下,用手按压（或者脚踏）开关阀,洗眼水从紧急洗眼器自动喷出;用手拉动拉杆,水从喷淋头自动喷出。眼部和脸部的清洗至少持续10 min。

c.当眼睛或者面部溅到危险化学品时,可先用紧急洗眼器对眼睛或者面部进行紧急冲洗;

当大量化学品溅洒到身上时,可先用紧急喷淋器进行全身喷淋,必要时尽快到医院治疗。

2) 特种设备使用安全

特种设备指对人身和财产安全有较大危险性的锅炉、压力容器(含气瓶)、压力管道、电梯、起重机械、客运索道、大型游乐设施、场(厂)内与用机动车辆等。

在高校实验室中,经常使用各类压力容器,如气瓶、高压反应容器、灭菌器等。压力容器内部压力高、使用条件苛刻,而且工作介质种类繁多,极易发生泄漏、爆炸、火灾、中毒等安全事故。另一方面,高校实验室环境复杂,不仅用到易燃液体、氧化性物质、毒害品、感染性物品和腐蚀性物品等危险化学品,还需使用大量电器设备,并涉及加热、真空、辐射等危险因素。倘若压力容器出现破裂、损坏或超压等问题,容器内介质迅速膨胀,其威力如同一颗炸弹,瞬间释放出巨大能量并产生强大的冲击波,将造成严重的人身伤亡和财产损失;如果容器内充装的是易燃、有毒有害、腐蚀性介质,后果更加不堪设想。

特种设备安全管理要求:"三落实""两有证""一检验"、正确使用、精心维护。

(1) 压力设备通用安全事项

a.压力设备需定期检验,确保其安全有效。长期停用的压力容器须经过特种设备管理部门检验合格后才能重新使用。

b.压力设备从业人员须经过培训,持"双证"上岗,严格按照规程进行操作。使用时,人员不得离开。

c.工作完毕,不可放气减压,须待容器内压力降至与大气压相等后才可打开。

d.发现异常现象时,应立即停止使用,并通知设备管理人。

(2) 气体钢瓶。

a.使用单位需确保采购的气体钢瓶质量可靠,标志正确、完好。压缩气体钢瓶要有颜色标志,一般氧气钢瓶为蓝色,氢气钢瓶为绿色,乙炔钢瓶为白色,氮气钢瓶为黑色。

b.气体钢瓶须远离热源、火源、易燃易爆和腐蚀物品,实行分类隔离存放,不得混放,不得存放在走廊和其他公共场所。严禁氧气与乙炔、油脂类等易燃物品混存,阀口绝对不许沾染油污、油脂。气体钢瓶存放地严禁明火,应保持通风和干燥,避免阳光直射。涉及有毒、易燃易爆气体的场所应配备必要的气体泄漏检测报警装置。

c.空瓶内应保留一定的剩余压力,与实瓶应分开放置,并有明显标志。

d.气体钢瓶须直立放置,并妥善固定,防止跌倒。做好气体钢瓶和气体管路标志,有多种气体或多条管路时,需制定详细的供气管路图。

e.开启钢瓶时,先开总阀,后开减压阀。关闭钢瓶时,先关总阀,放尽余气后,再关减压阀。切不可只关减压阀,不关总阀。

f.使用前后,应检查气体管道、接头、开关及表头连接处是否泄漏,使用气体钢瓶时上好合适的减压阀,拧紧丝扣,不得漏气。确认盛装气体类型,氢气表与氧气表结构不同,丝扣相反,不准改用,并做好可能造成的突发事件的应急准备。

g.严禁敲击、碰撞气体钢瓶,移动时使用手推车,切勿拖拉、滚动或滑动气体钢瓶。

h.发现气体泄漏时,应立即关闭气源、开窗通风、疏散人员。切忌在易燃易爆气体泄漏时开关电源。

i.工作结束后,先关闭气体钢瓶阀,然后将管路中的气体全部排出,把减压阀调节簧杆逆时针方向调节到弹簧不受力为止。

j.不得使用过期、未经检验和不合格的气瓶。

## 二、遗传学实验教学互动软件的操作方法

软件为 Motic 数码显微互动教室网络版,版本号为 DigilabⅡ-S,显微镜采用 Motic BA300型。

学生端操作如下。

(1)启动软件:启动电脑→双击 Digilab 软件快捷图标→输入姓名→点击登录→进入软件操作界面。

(2)调节白平衡:不放置载玻片,显微镜用 10 倍物镜对准镜孔→单击白平衡→单击色彩调解→颜色校正调解到 3→单击白平衡→放置玻片。

(3)正确操作显微镜:参考该实验指导书显微镜的使用方法部分,在 40 倍物镜下图像清晰时,将目镜处的横向拉杆轻轻拉出,以便于显微镜中的图像能够在电脑上清晰显示(图1-2-2)。

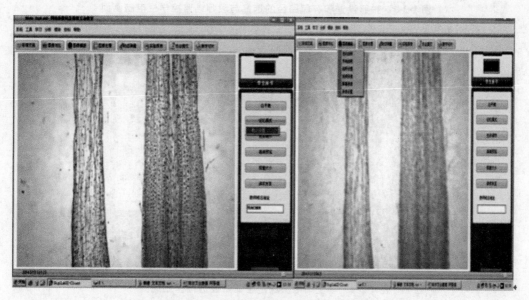

**图 1-2-2  学生端显微镜下的图像在电脑上的显示状态**

(4)拍照过程:点击图像捕捉→点击拍照设置→进入拍照设置对话框(拍照数量选择 1,时间间隔选择 1 s,文件类型选择 JPEG,再选择存储路径)→点击确定→点击手动拍照→在另存为对话框内选择存储路径,文件名称为自己的姓名→点击保存按钮→手动拍照的照片保存在前面选择的存储路径中(图 1-2-3),作为教师端此时可选择"学生图像",查看每位学生的电脑操作实时画面,可根据每个学生的画面开启短信功能与学生进行互动交流并指导。

(5)提交作业过程:点击作业提交按钮→点击添加按钮→打开对话框→在查找范围的下拉菜单中选择要提交的作业(选择 E\学生作业文件中手动拍照的图片)→点击打开按钮→在提交作业对话框中显示图片路径、大小,文件名为自己的姓名(如路径为 E\学生作业\学生姓名)→确定后点击发送(图 1-2-4)。

(6)动态测量:找到图像→单击动态测量→校准已完成的只选择物镜倍数→按照要求进行测量,见图 1-2-5。

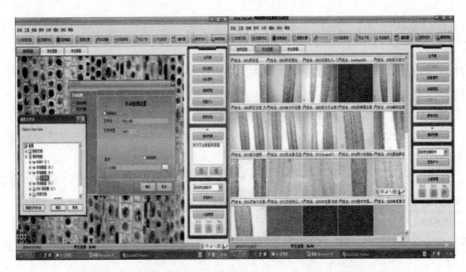

图 1-2-3　拍照设置和存储路径的选择与教师端监控学生电脑画面

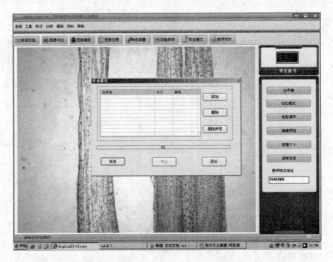

图 1-2-4　学生端电脑通过存储路径进行作业提交

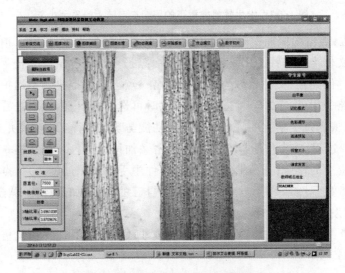

图 1-2-5　学生端电脑动态测量界面

（7）短信交流过程：点击短信交流→进入短信交流对话框→在左上角选择交流对象→在下端点击图片按钮→打开目标图片输入文字→点击发送图文按钮。

## 三、常用显微镜和解剖镜的构造、使用和保养

### （一）显微镜的使用和保养

光学显微镜是生命科学教学与研究工作中的重要工具，常用光学显微镜有普通光学显微镜和一些特殊用途的光学显微镜。其中特殊用途的光学显微镜包括研究用的暗视野显微镜、相差显微镜、荧光显微镜、偏光显微镜、倒置显微镜等。光学显微镜总体上可分为单式和复式两类。单式显微镜结构简单，常用的如扩大镜，由一个透镜组成，放大倍数在 10 以下。复式显微镜的结构较为复杂，至少由两个透镜组成，放大倍数较高，是现代实验室经常使用的光学显微镜。其有效放大倍数可达 1250，最高分辨率为 0.2 $\mu m$。

#### 1. 显微镜的使用方法

复式显微镜虽然有单目、双目之分，结构繁简不同，但基本结构都包括两大部分，即用以装置光学系统的机械部分和保证成像的光学系统。双目复式显微镜如图 1-2-6 所示。

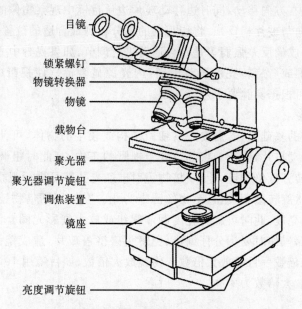

**图 1-2-6　双目复式显微镜的构造**

目镜
锁紧螺钉
物镜转换器
物镜
载物台
聚光器
聚光器调节旋钮
调焦装置
镜座
亮度调节旋钮

1）取镜与放镜

按固定编号从镜箱中取出显微镜，放置在桌子上，检查显微镜是否完好。取镜时应右手握住镜臂，左手平托镜座，保持镜体直立，不可倾斜，严禁用单手提显微镜，防止目镜从镜筒中滑出和反光镜脱落。放置桌上时，一般应放在胸前左侧，镜座与桌边距离为 5～6 cm，以便观察和防止显微镜掉落，不用时将显微镜放在桌子中央。对于现代数码电子显微镜，因其本身就是放置在桌子上，可以省去取镜和放镜的步骤。

2）调光

先把聚光器的虹彩光圈开到最大，再把低倍物镜（10×）对准载物台的通光孔，然后用左眼（两眼同时睁开）从目镜向下观察，打开电源（内光源显微镜），旋转亮度调节旋钮，获得适当的亮

度)或用手调整反光镜(外光源显微镜),将反光镜转向光源,光线射入镜筒,镜内能看到一个圆形、明亮的视野,这时再利用聚光器或虹彩光圈调节光的强度,让视野内光线既均匀、明亮又不刺眼。

3）低倍物镜使用

观察任何标本,都必须先用低倍物镜,因为低倍物镜视野大,容易发现观察目标和确定观察部位。

（1）放置标本:将待观察的玻片放置在载物台上,用压片夹固定玻片的两端,然后用位于载物台下方的调节旋钮调整材料使其对准通光孔中心。

（2）调焦距:两眼从侧面注视物镜,顺时针缓慢转动粗调焦旋钮,慢慢上升载物台,缩小其与物镜之间的距离,使玻片与物镜靠近但不能接触,直至物镜距玻片 20 mm 左右。用左眼从目镜向下观察,并缓慢转动微调旋钮,使载物台上升,直至目镜中搜索到清晰的物像为止。此时若光线太亮或太暗,可调节亮度调节旋钮或虹彩光圈,使光线合适。如果一次调焦看不到物像,则应检查玻片是否放反了,或材料是否放在光轴线上,然后重新移正材料,再重复上述操作过程,直至出现清晰物像为止。

（3）低倍物镜观察:焦距调好后,左手轻轻旋转载物台下方的旋钮,根据需要移动玻片,使玻片沿着前后或者左右方向移动,同时边移动玻片边从目镜中观察物像的清晰度(注意移动玻片时,物像的移动方向与玻片相反)。将待观察的部分移到最合适的位置上,找好物像后,还可根据材料厚薄、颜色、成像反差强弱等是否合适再进行调节,如果视野中光线太亮或者太暗,可调节聚光器、虹彩光圈或者旋转亮度调节旋钮(内光源显微镜),使视野中的光线亮度合适为止,待物像清晰后即可根据实验要求进行观察。

4）高倍物镜观察

在低倍物镜观察的基础上,若需要观察细微结构或较小的物体,可使用高倍物镜。此时,首先在低倍物镜下移动玻片,使待观察部位处于视野的正中心,此时粗调焦旋钮不能再动,然后旋转物镜转换器,转开低倍物镜,让 40 倍物镜对准通光孔即可进行观察,如不清晰则一边通过目镜观察,一边轻微旋转微调旋钮,至物像清晰为止。在换用高倍物镜时,视野变小、变暗,所以要重新调节视野亮度,此时可旋转亮度调节旋钮或放大虹彩光圈。注意此时高倍物镜的镜头离盖玻片非常近,操作时要十分仔细,以免镜头碰挤盖玻片,造成镜头损伤或者压坏盖玻片。显微镜的总放大倍数＝目镜放大倍数×物镜放大倍数,如目镜用 10× 与物镜用 40× 相配合观察物体,则物体放大倍数为 400。

5）调换玻片标本

一张玻片观察完毕,更换另一张玻片时,先旋转物镜转换器,将物镜移开通光孔,取下已经观察过的玻片,再换上待观察的玻片。然后按照前面的操作方法,重新从低倍物镜开始观察。千万不要在高倍物镜下直接更换玻片,以免损坏镜头。

6）油镜的使用

油镜比较精密,价格昂贵,在使用上要注意轻拿轻放。在使用油镜时,物镜与标本周围的介质不是空气,而是折射率比空气高、接近玻璃折射率的香柏油,这样就提高了显微镜的分辨率。在使用油镜之前,也是按照前面的操作方法,在高倍物镜下看到标本后,把需要进一步放大观察的部分移到视野中心。观察完后移开镜头,旋转粗调焦旋钮,将载物台下降约 1.5 cm,在盖玻片上滴加一滴香柏油,再旋转物镜转换器,将油镜的镜头对准通光孔,小心地旋转粗调焦旋钮,使载物台缓慢地上升,从侧面仔细观察油镜的下端与标本之间的距离,当油镜的下端开始触及香柏油时即可停止。一边从目镜中观察，一边轻微旋转细调焦旋钮和亮度调节旋钮或者虹彩光圈，至标本物像清晰为止，即可进行观察。如盖玻片过厚，必须更换玻片方可聚焦，否则会压碎玻片，损伤镜头。不过在一般的实验中都不会涉及油镜。

油镜使用完以后，应下降载物台，用干的擦镜纸轻轻地擦去油镜和盖玻片上的香柏油，再用蘸有少许清洁剂（乙醚和乙醇体积比为 7∶3 的混合液或者二甲苯）的擦镜纸擦拭镜头 2～3 次，最后用干净的擦镜纸再擦拭 3～4 次即可。

7）显微镜使用后整理

观察结束后，旋转物镜转换器，使两个物镜中央对准通光孔，下降载物台，取下玻片，将玻片移动器移到合适的位置。内光源显微镜需先将光源亮度调至最小后再关闭电源。最后清洗镜体，安好镜罩，将显微镜移至实验台中央或按编号放回镜箱内，并在登记本上填写显微镜使用情况。

**2. 显微镜的保养和使用注意事项**

（1）显微镜是贵重、精密的仪器，使用时一定要严格遵守操作规程。不许随意转动螺旋或拆装其他零部件，如某一部分发生故障，应及时报告教师。

（2）要随时保持显微镜清洁，不用时应及时收回镜箱或用镜罩罩好。如有灰尘，机械部分用纱布擦拭，光学部分用镜头笔毛刷拂去或用吹风球（洗耳球）吹去灰尘后，再用擦镜纸轻擦，或用脱脂棉棒蘸少许乙醇与乙醚混合液，由透镜中心向外进行轻擦，切忌用手指、纱布等擦拭。

（3）观察临时玻片时，一定要加盖盖玻片，还需将玻片四周溢出的液体擦干后再进行观察，不要让显微镜在阳光下暴晒。

（4）不可让液体，特别是酸、碱、染液或其他试剂流到载物台上，更不要沾到镜头上。若出现上述情况，应及时擦干。

（5）更换玻片标本时，要先下降载物台或者将高倍物镜移开通光孔，然后更换玻片标本，严禁在高倍物镜使用的情况下取下或装上玻片标本，以免污染或磨损物镜。

（6）用高倍物镜观察标本时，必须先用低倍物镜观察，调节焦距，观察到清晰的物像并将其移至视野中心后，再换高倍物镜，慢慢调节细调焦旋钮，直至物像清晰为止。高倍物镜的工作距离较小，操作时要非常小心，以防压碎玻片和磨损高倍物镜。由低倍物镜换高倍物镜时，千万不要直接转动物镜，而应转动物镜转换器，以防物镜脱落。

（7）使用完显微镜，切忌使高倍物镜对准通光孔，以免损坏高倍物镜镜头。旋转粗调焦旋钮使载物台降至最低，内光源显微镜将光源亮度调至最小后再关闭电源，以延长显微镜的使用寿命。认真填写显微镜使用登记本，包括使用者姓名、专业、使用日期和显微镜正常与否等，若有故障，则要写明具体情况，并报告教师。

（8）保养显微镜要求做到防潮、防尘、防热、防剧烈震动，保持镜体清洁、干燥和转动灵活，镜箱内应放一袋蓝绿色的硅胶干燥剂。不用的镜头应用柔软、清洁的纸包好，置于干燥器内保存。

（9）载物台或镜筒的升降使用粗调焦旋钮，一般在高倍物镜调节清晰时使用细调焦旋钮。在使用细调焦旋钮时，一定要注意，不能一直朝着一个方向转动，否则会损坏显微镜。

（二）双筒解剖镜的构造和使用

双筒解剖镜又称立体显微镜、体视显微镜、实体显微镜。双筒解剖镜的构造见图 1-2-7。

**1. 双筒解剖镜的结构与功能**

（1）底座为全镜的基座，中央有活动圆板，供放置观察物时用。

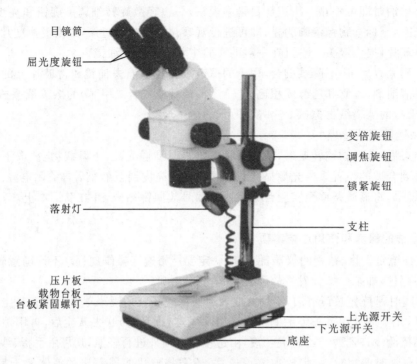

目镜筒
屈光度旋钮
变倍旋钮
调焦旋钮
锁紧旋钮
落射灯
支柱
压片板
载物台板
台板紧固螺钉
上光源开关
下光源开关
底座

**图 1-2-7　双筒解剖镜的构造**

(2) 支柱是支持镜体的部分,装有调焦旋钮、锁紧旋钮及滑槽,使镜体升降及左右旋转。

(3) 镜体是全镜的成像系统,上方安装棱镜及目镜筒,内部安装变倍物镜,下面承接大物镜。两个目镜筒的宽度是可调节的,观察者可根据自己的双眼距进行左右调节。同时,目镜筒还装有屈光度旋钮,以适应观察者左右眼在视力上的差异,校正双眼的视力差。

**2. 使用方法**

(1) 根据标本的颜色深浅选择活动圆板的黑面或白面。观察深色标本时,用白色面;观察浅色标本时,用黑色面。将所需观察的标本放在活动圆板的中心。注意:针插标本要先插在软木或泡沫块上,液浸标本要放在培养皿内,解剖标本要放在蜡盘中。

(2) 旋动转盘至最低倍数,以便得到最大的视野;调节两目镜筒间的距离,使其与两眼间的距离一致;旋松锁紧旋钮,上下调节镜体,使所观察的标本在目镜下清晰;上下调节右目镜,使左右两眼得到同样清晰的物像;旋紧锁紧旋钮;旋动转盘至所需观察倍数;上下调节调焦旋钮,使所观察的标本最清晰;最后,调节光源与标本间的距离和角度,以求得到最佳的亮度和对比度。

**3. 双筒解剖镜特点**

双筒解剖镜操作方便、直观、检定效率高,具体特点如下。

(1) 双目镜筒中的左右两光束是不平行的,具有一定的夹角——体视角(一般为 $12°\sim$ $15°$),因此成像具有三维立体感。

(2) 像是直立的正像,便于操作和解剖,这是在目镜下方的棱镜把像倒转过来的缘故。

(3) 虽然放大倍数不如常规显微镜,但其工作距离很长。

(4) 焦深大,便于观察被检物体的全层。

(5) 视场直径大。

**4. 使用注意事项**

（1）取用双筒解剖镜时必须用右手握住支柱，左手托住底座，保持镜身垂直，轻拿轻放。使用前应检查镜头等零部件是否齐全。

（2）松开锁紧旋钮时，要用左手握住镜体，防止其快速上移或下滑。旋动调焦旋钮时，不要太快或太猛，以免上下移动超出齿槽的极限。当调焦旋钮失灵时，应暂停使用，并报告教师。

（3）勿用手直接接触镜面。镜面上的灰尘可先用吹风球吹去，或用干净镜头笔毛刷轻轻拂去，再用擦镜纸轻轻拭去。用擦镜纸擦拭时，要沿一个方向轻轻擦去，不可左右、前后擦拭。

（4）不要自行拆卸双筒解剖镜。

（5）实验结束后，松开锁紧旋钮，放低镜体，再旋紧锁紧旋钮；然后将调焦旋钮旋至中间位置；接着将双筒解剖镜放回镜箱内；最后登记使用情况。

## 四、离心机的类型和使用方法

### （一）离心机的类型

离心机是利用旋转的转头产生的"离心力"，使悬浮液或乳浊液中不同密度、不同颗粒大小的物质分离开来，或在分离的同时进行分析的仪器。应用离心沉降进行物质的分析和分离的技术称为离心技术。离心机可以通过高速旋转产生的"离心力"对具有不同沉降系数、质量和密度的混合物进行快速分离、浓缩和纯化，是生物、医学、农学、制药等领域科研与生产最常用的科研仪器之一。

实验室常用离心机按转速可分为低速离心机、高速离心机和超速离心机。低速离心机转速小于 10000 r/min，常用于大量、初级分离提取生物大分子、沉淀物等。高速离心机（图1-2-8）转速一般在 10000～30000 r/min，可对样品溶液中悬浮物质进行高纯度分离、浓缩、精制，是分离、纯化蛋白质、核酸、酶和进行病毒分离的有效工具，广泛用于药物、生物制品的提取分离实验中。转速大于 30000 r/min 的离心机称为超速离心机，主要用于分子生物学、生物化学、遗传学等研究中。

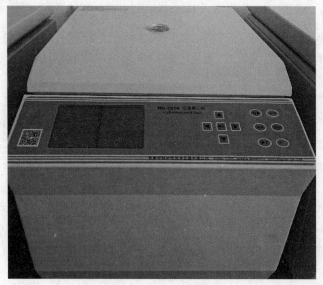

**图 1-2-8　高速离心机**

此外,实验室常用离心机按有无冷冻功能可分为冷冻离心机和常温离心机。冷冻离心机又可分为低速冷冻离心机和高速冷冻离心机。低速冷冻离心机转速一般不超过 4000 r/min,常用于大量、初级分离提取生物大分子、沉淀物等。高速冷冻离心机(图 1-2-9)转速可达20000 r/min 以上,制冷系统温度可调范围为 −20～−40 ℃,高速冷冻离心机所用角式转头均用钛合金和铝合金制成。这类离心机多用于微生物、细胞碎片、细胞、大的细胞器以及免疫沉淀物等的分离、收集和纯化。

图 1-2-9　高速冷冻离心机

## (二) 使用方法

### 1. 开机

打开离心机开关,待离心机显示屏显示出正常操作界面,按开盖按钮打开离心机门盖。

### 2. 平衡离心管

(1)选择合适容量的转头,离心时离心管内液体体积不能超过离心管总容量的 2/3。

(2)称量离心管的质量。实验中,待离心的样本通常属于相同的物质,因此要求样本体积大小基本一致。

(3)配平。一般离心机的空位数为偶数。如果待离心的管数为偶数,在对称位置放置具有相同质量的离心管(图 1-2-10)。如果待离心的管数为奇数,采用两种方法放置:①先放置偶数个离心管,再找一个离心管,使之与最后一个离心管的质量相等,对称放置。②先将 3 个质量相同的离心管对称放置于离心机中,剩余的离心管按对称方式放置(图 1-2-11)。

### 3. 放置样品

将平衡好的离心管对称放入转头中,盖好转头盖子,并拧紧螺丝,关好离心机门盖。

### 4. 控制面板操作

在显示器操作界面设置离心参数,选择所用转子的型号、离心转速、离心时间及离心温度。按键开始离心。

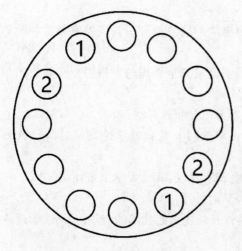

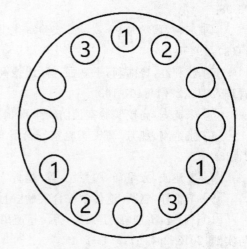

图 1-2-10　偶数离心管配平　　　　　　　图 1-2-11　奇数离心管配平

**5. 收集样品**

当蜂鸣器提示离心结束时,打开门盖,取出转子和离心管,再从离心管中收集目标区带。

**6. 关闭离心机**

用软布擦拭转子,关上门盖,最后关闭电源。

（三）注意事项

离心机转速较高,产生的"离心力"大,使用不当或缺乏定期的检修和保养时,都可能发生严重事故,因此使用离心机时必须严格遵守操作规程。操作过程中应注意以下事项。

（1）进行离心前,必须事先在天平上平衡离心管及其内容物,平衡时质量差不得超过转子的允许差值;当转子只是部分装载时,离心管必须互相对称地放在转子中。

（2）装载样品时,根据样品的性质及体积选用合适的离心管。样品装得过少,离心时塑料离心管的上部容易凹陷变形;样品装得过多,离心时又会甩出离心管,造成转子不平衡、生锈或被腐蚀。所以以"样品装满离心管但不会溢出"为原则。

（3）样品要在低于室温的温度下离心时,转子在使用前应放置在冰箱或置于离心机的离心仓内预冷。

（4）每个转子各有其最高允许转速和使用累计限时,使用转头时须查阅说明书,不得过速使用。每个转子都要配备一份使用档案,记录累计的使用时间。若超过该转子的最高使用限时,则须按规定降速使用。

（5）离心过程中不得随意离开,应随时观察离心机显示器上的数据是否正常。如有异常的声音,应立即停机检查,及时排除故障。

（6）使用后,必须仔细检查转子,并及时清洗、擦干,搬动时不能碰撞,避免造成伤痕。

**五、参考文献**

[1] 高清,万楠.临床实验室的安全防护和意外事故处理[J].沈阳部队医药,2008,21(4):286-288.

[2] 范珍.浅议实验室危险化学药品管理[J].卫生职业教育,2011,29(3):97-98.

[3] 杨姣兰,金鑫,韩旭.化学品实验室安全管理的研究[J].中国卫生工程学.2010,9(2):

95-98.

[4] 王斓,冀学时,李颖,等.实验室化学药品中毒事故的应急处理[J].实验室科学,2011,14(3):194-198.

[5] 苏利红,曹雨莉,王立强,等.浅谈高校生物类实验室安全管理的对策[J].实验技术与管理,2010,27(4):161-163.

[6] 朱宽宽.高校实验室消防安全现状及其管理对策[J].职业时空,2010,6(5):31-32.

[7] 张维刚,魏芳.高校实验室安全管理的方法及对策[J].教育教学论坛,2012,(14B):21-23.

[8] 王建波,方呈祥,鄢慧民,等.遗传学实验教程[M].武汉:武汉大学出版社,2004.

[9] 李雅轩,赵昕.遗传学综合实验[M].北京:科学出版社,2006.

[10] 王媛,雷迎峰,丁天兵,等.超速离心机的操作及超速离心技术的应用[J].医学理论与实践,2013,26(16):2144-2146.

[11] 南京大学化学化工学院.化学实验室安全知识[EB/OL].(2010-08-06)[2021-12-01].https://chem.nju.edu.cn/b9/8b/c12644a440715/page.htm.

[12] 南京农业大学.安全无小事 实验室安全要牢记[EB/OL].(2021-10-26)[2021-12-01].https://mp.weixin.qq.com/s/9VMzyKwdmBbCBe8YAVEhlQ.

[13] 华侨大学工学院.实验室各种安全注意事项[EB/OL].(2018-03-07)[2021-12-01].https://gxy.hqu.edu.cn/info/1062/2330.htm.

[14] 绍兴文理学院.实验室特种设备、辐射安全、电气及消防安全管理[EB/OL].(2021-05-11)[2021-12-01].http://labks.usx.edu.cn/public/upload/file/20210511/1620718815280997.pdf.

(塔里木大学 王有武;延安大学 雷忻)

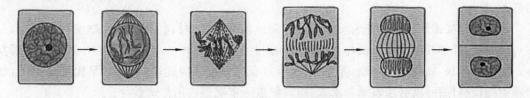

## 第二部分

# 植物遗传学实验

## 实验一　植物有丝分裂标本的制备与观察（孚尔根染色法）

### 一、实验目的

（1）学习脱氧核糖核酸（DNA）专性反应的孚尔根（Feulgen）染色技术，定性鉴定细胞核内DNA的存在。

（2）学习植物根尖细胞有丝分裂的制片技术，观察植物根尖细胞有丝分裂各个时期的染色体变化特征。

### 二、实验原理

植物细胞的有丝分裂是一个连续的过程，可分为前期（prophase）、中期（metaphase）、后期（anaphase）、末期（telophase）。两次有丝分裂之间的时期称为细胞分裂间期。有丝分裂各时期染色体特征如图 2-1-1 所示。

**图 2-1-1　植物有丝分裂模式图**

**1. 前期**

核内染色质逐渐浓缩为细长而卷曲的染色体，每一个染色体含有两个染色单体，它们具有一个共同的着丝粒，核仁和核膜逐渐模糊。

**2. 中期**

核仁和核膜逐渐消失，各染色体排列在中央赤道板上，从两极出现纺锤丝，分别与各染色体的着丝粒相连，形成纺锤体。中期的染色体呈分散状态，便于鉴别染色体的形态和数目。

**3. 后期**

各染色体着丝粒分裂为二，其每个染色单体也相应地分开，并各自随着纺锤丝的收缩而移向两极，每组各有一组染色体，其数目和原来的染色体数目相同。

**4. 末期**

分布在两极的染色体各自组成新的细胞核,在细胞质中央赤道板处形成新的细胞壁,使细胞分裂为二,形成两个子细胞。这时细胞进入分裂间期。

**5. 间期**

这是细胞分裂末期到下一次细胞分裂前期之间的一段时期。在光学显微镜下看不到染色体,只看到均匀一致的细胞核及其中许多的染色质。

植物细胞中的 DNA 在 60 ℃下用 1 mol/L HCl 溶液水解后,核酸中的嘌呤碱很快被完全除掉,使脱氧核糖中潜在的醛基获得自由状态。水解后,植物组织经水洗再移至 Schiff 试剂中,同暴露出来的醛基发生反应,呈现紫红色。这个反应是孚尔根(Feulgen)在 1942 年提出来的,是鉴别细胞中 DNA 的一个特异性检查方法,它仅对细胞核及染色体中的 DNA 显色,该方法染色均匀一致而且清晰,细胞软化较好。其原理与 Schiff 试剂的化学性质相关。

DNA 分子本身没有醛基,但在(60±0.5) ℃、1 mol/L HCl 溶液环境下,断链 DNA 分子中脱氧核糖和嘌呤间糖苷化,嘌呤碱基脱落,并在脱氧核糖第一碳原子上释放出活性醛基,该基团遇到 Schiff 试剂呈现紫红色,在细胞核内只有 DNA 才有这种反应。

孚尔根染色反应材料必须采用酸解法进行解离,并且对前处理要求较高,解离时间过长,则孚尔根反应效果减退,减退程度还与固定剂种类有关。

水解的温度和时间很重要。温度一般要保证在(60±0.5) ℃范围内。温度太低,水解不够,染色过浅;温度太高,会造成 DNA 降解。水解时间不能太长,也不能太短。因为核酸的水解有两个过程:第一,嘌呤碱很快被除掉,脱氧核糖中潜在的醛基暴露出来;第二,组蛋白和核酸越来越多地被除掉。短时间水解以后,第一个过程占优势,这时候用 Schiff 试剂染色,染色体的染色作用最强;随着水解时间延长,第二个过程逐渐变成优势,因此水解液中的 Schiff 反应增强,而染色体中的 Schiff 反应减弱。最后,当第二个过程超过第一过程时,染色体也随之停止反应。

Schiff 试剂是碱性品红-亚硫酸溶液,呈无色,与 DNA 的醛基反应后,碱性品红恢复原来的红色。

用植物根尖细胞压片或花粉母细胞涂抹制成的片子,如材料染色清晰、物像符合要求,一般可用石蜡、甘油胶冻或指甲油将盖玻片的四周封固制成临时片,储存于冰箱中可保存 1 周左右。但时间过长,物像就会收缩,颜色变浅,难以观察鉴别。因此,对一些效果很好的片子,如果希望能长期保存,就必须改制为永久片,以便进一步观察或用作试教片。

在永久片的制作中,材料脱水和透明是关键。为此,需要用适当的脱水剂和透明剂。目前,较理想的脱水剂有正丁醇和叔丁醇,它们都能与最常用的脱水剂(乙醇)混合使用,并具有良好的透明效果,且能与封藏剂(树胶)混合,有利于封片,材料也不会出现收缩和硬化等问题。

## 三、实验材料、器材与试剂

**(一) 实验材料**

长为 1～2 cm 的洋葱根尖。

**(二) 实验器材**

显微镜、冰箱、恒温水浴锅、分析天平(精度 0.0001 g)、温度计、解剖剪、镊子、刀片、载玻片、盖玻片、量筒(10 mL、100 mL)、100 mL 容量瓶、白色及棕色试剂瓶、烧杯、医用青霉素小玻璃瓶或指形管、吸水纸、玻璃棒、培养皿、解剖针、标签、黑纸。

### (三) 实验试剂

改良苯酚品红染液、1％醋酸洋红染液、1 mol/L HCl 溶液、0.1％秋水仙素溶液、0.002 mol/L 8-羟基喹啉溶液、对二氯苯饱和水溶液、α-溴萘饱和液、碱性品红、偏重亚硫酸钾(或偏重亚硫酸钠)、粒状活性炭、无水乙醇、70％乙醇、80％乙醇、95％乙醇、冰醋酸、45％醋酸、正丁醇、石蜡、中性树胶等。下面是几种试剂的配制方法。

**1. 卡诺固定液的配制**

由 3 份无水乙醇与 1 份冰醋酸混合而成,此固定液易挥发,需用现配,不能久存。

**2. Schiff 试剂的配制**

将 0.5 g 碱性品红溶于 100 mL 煮沸的蒸馏水中,继续煮沸 3～4 min,搅动使其充分溶解;待冷却至 58 ℃时,过滤到白色试剂瓶中;当冷却至 26 ℃时,加入 10 mL 1 mol/L HCl 溶液和 1.5 g 偏重亚硫酸钾(或偏重亚硫酸钠),振荡使之充分溶解;盖紧瓶塞(必须密闭),裹上黑纸,置于冰箱中,12～24 h 后检查,若溶液呈无色透明状即可使用,若尚有少量红色或棕黄色,则可加入 0.5 g 粒状活性炭,充分振荡,在冰箱中静置过夜,取出后置于棕色试剂瓶中备用。此溶液必须密闭并置于黑暗环境下保存,在 0～5 ℃黑暗环境下可保存 6 个月左右。

**3. 漂洗液的配制**

取 1 mol/L HCl 溶液 5 mL,加入 10％偏重亚硫酸钾(或偏重亚硫酸钠)溶液 5 mL,再添加蒸馏水,定容至 100 mL。此溶液易失效,最好现用现配,存放时间不能太久。

**4. 脱盖玻片液的配制**

取 3 份 45％醋酸与 1 份 95％乙醇,混匀。

## 四、实验程序

取样→固定→漂洗→酸解→软化→染色→观察。

## 五、实验内容

### (一) 预实验

洋葱根尖培养:用刀片纵向刻伤洋葱头破眠,刮去老根,然后把葱头根部向下放置于盛满清水的烧杯上,在室温下(25 ℃左右)培养 3～4 天。

### (二) 预处理

预处理可抑制和破坏纺锤丝的形成,使根尖细胞延迟其染色体的分离,增加中期分裂相,并使染色体分散于细胞中,以便观察计数。

**1. 冷处理**

待根生长至 1～2 cm 时,在上午 10:00—12:00 时剪取根尖,将根尖放入盛有蒸馏水的指形管中,置于 0～4 ℃的冰箱(或在冰水)中处理 24～40 h,染色体数较多的实验材料可适当延长处理时间,但需注意勿使材料结冰。此法简便、安全、效果好,而且经冰水处理后细胞破裂程度较小,染色体不会丢失。

**2. 0.1%秋水仙素溶液或 0.002 mol/L 8-羟基喹啉溶液处理**

将剪下的根尖立即放入 0.1%秋水仙素溶液或 0.002 mol/L 8-羟基喹啉溶液中,以药液浸没根尖为度,处理 3~4 h,以便观察计数。

**3. 混合药剂处理**

在某些情况下,采用混合药剂处理可取得更好的效果,如在 100 mL 对二氯苯饱和水溶液中加 1~2 滴 α-溴萘饱和液处理 3~4 h。注意采用药剂处理时温度不能过高,以 10~15 ℃为宜。

### (三)固定

材料经预处理后,用流水冲洗,然后置于卡诺固定液中固定 20~24 h,用 95%、80%、70%的乙醇分别漂洗一次备用。经过固定的材料若不立即使用,可放置在 70%的乙醇中,4 ℃下长期保存。固定的目的是利用化学药物把细胞快速杀死,使蛋白质变性或沉淀,并尽量保持细胞各种结构的原有状态。此外,分生的细胞只有经固定后,才便于解离和染色等各项后续操作的顺利进行。

### (四)根尖解离

打开恒温水浴锅,设定水浴温度为(60±0.5)℃。取洗净的医用青霉素小玻璃瓶或指形管 2 个(其中一个用作对照),从 70%乙醇中取出固定好的根尖,流水冲洗 3 min,用吸水纸吸干,放入医用青霉素小玻璃瓶或指形管内,一般每个学生可分到 1~2 条根尖;加入 1 mol/L HCl 溶液,其总量应能够没过根尖,然后将医用青霉素小玻璃瓶或指形管放入已提前预热至60 ℃的恒温水浴锅中酸解 10~15 min,待生长点为米黄色时倒去 HCl 溶液,用蒸馏水冲洗 2次。解离的目的是使分生组织间的果胶质分解,细胞壁软化或部分分解,细胞和染色体容易被分散压平。经解离后的材料为白色,用解剖针易压碎。

### (五)染色体染色

针对不同材料,可选择合适的染液和染色方法。用于常规染色体形态结构鉴定的染色方法很多,常用的有如下几种。

**1. 改良苯酚品红染色法**

若只作临时镜检观察,将解离后的材料用水洗并吸干,用刀片切取根尖 2 mm 左右,采用十字交叉法压片,在材料处滴加 1~2 滴改良苯酚品红染液,染色 10~15 min。

**2. 1%醋酸洋红染色法**

若只作临时镜检观察,将解离后的材料水洗并吸干,加 1 滴 1%醋酸洋红染液,染色10~20 min。

**3. 孚尔根染色法**

将解离材料洗净或直接转入 Schiff 试剂,在室温(最好在 10 ℃左右)中进行孚尔根反应30~120 min 或过夜,然后用漂洗液漂洗 3 次,每次 5~10 min,再经流水冲洗 5~10 min,最后用蒸馏水漂洗 3~5 次,每次 2 min,保存于 45%醋酸中供压片。若材料染色不足,也可再用1%醋酸洋红染液复染压片。

### (六)分色

在染好的根尖上加 1 滴 45%醋酸分色,使细胞质颜色变浅,而染色体变清晰。若染色时间较短,染色不深,可略去该步骤。

### （七）压片及镜检观察

压片的目的是使分生细胞的原生质体从细胞壁里压出,经过精心压片,使染色体周围不带有细胞质或仅有少量的细胞质。

将染色至暗红色的根尖放在一清洁载玻片上,用刀片切取紫红色的根尖 2 mm 左右,采用十字交叉法压片,滴 1 滴 45％醋酸,盖上盖玻片,并放 2 层吸水纸,用手指垂直轻压盖玻片,切勿使载玻片和盖玻片之间发生位移。

压好的玻片可放置在光学显微镜的载物台上,按照显微镜的使用方法,先用低倍物镜寻找到合适的物像,再用高倍物镜调整至视野清晰为止,通过左右、前后调整载玻片,可以看到根尖细胞有丝分裂的不同分裂时期的染色体形态。对照组的操作方法也是一样。注意观察有丝分裂全过程的染色体形态变化,找出染色体分散好的中期细胞进行染色体计数,对分裂好的图像做上标记,以便再观察。

若片子只需短期保存,在观察后于盖玻片周围放少许石蜡碎屑,用烧热的解剖针将其封固盖玻片边缘,防止染液蒸发即可。

### （八）临时封片保存

对于短期保存的玻片,要防止玻片间的溶液干涸,空气进入,造成无法观察。临时片保存,可在盖玻片周围滴上 45％醋酸或染液,放入有湿滤纸的培养皿内,加盖后可保存数小时甚至一天。如玻片标本符合要求,而又只需要短期(一般在一周以内)保存,可采用石蜡临时封片。其方法是用烧热的解剖针挑取少量石蜡(或石蜡与凡士林等体积混合物)沿盖玻片周围进行封固。

制作完成的玻片标本要贴上标签,注明材料名称、可观察到的有丝分裂典型特征时期、制片时间、制作人等信息。

### （九）制作永久封片

#### 1. 脱片

将制备好并具有典型特征的临时片放置 4～5 h,然后进行脱片。脱片时,把临时片翻转,盖玻片朝下,放入盛有脱盖玻片液的培养皿中,将载玻片的一端搭在短粗的玻璃棒上,呈倾斜状,让盖玻片自然滑落,记住盖玻片和载玻片原来的相对位置。盖玻片脱落 2～3 min 后,取出盖玻片和载玻片,用吸水纸吸干盖玻片和载玻片上的溶液,注意不要触动载玻片上的材料。

#### 2. 脱水透明

取 3 个培养皿,编号,各放一根短粗玻璃棒。1 号培养皿内加 2 份 95％乙醇、1 份正丁醇,2 号培养皿内加 1 份 95％乙醇、2 份正丁醇,3 号培养皿内加正丁醇。把脱开的盖玻片和载玻片依次放入 1、2、3 号培养皿中,各 5 min 左右。整个操作过程中,要保持盖玻片和载玻片原来的相对位置,并且动作要轻柔,防止玻片上的材料漂移。

#### 3. 封片

在 3 号培养皿中取出盖玻片和载玻片,用吸水纸轻轻吸去多余的溶液,在载玻片中央载有材料处滴 1～2 滴中性树胶,将盖玻片盖到原来的位置,贴上标签保存备用。

无论采取哪种方法,均需注意封片时树胶不能呈雾状,也不能有气泡。放置盖玻片时注意使其倾斜覆盖到树胶上,切不可施加压力或移动盖玻片。如发现树胶内有气泡,应让其自然逸出或用针尖烧热后烫一下,使气泡逸出。封片时,如果树胶过多而溢出盖玻片,可待树胶干后,用药棉蘸上二甲苯轻轻擦净溢出的树胶。

## 六、实验作业

(1) 制作清洁、完整的有丝分裂临时片和永久片各 1 张。

(2) 镜检观察有丝分裂各时期典型细胞,绘图,并简要描述各分裂时期的染色体特征。

(3) 孚尔根染色法中,对照实验为什么不能染色?

## 七、参考文献

[1] 戴朝曦. 遗传学[M]. 北京:高等教育出版社,1998.

[2] 祝水金. 遗传学实验指导[M]. 2 版. 北京:中国农业出版社,2005.

[3] 刘祖洞,江绍慧. 遗传学实验[M]. 北京:高等教育出版社,1987.

(山西农业大学　许冬梅)

# 实验二　植物花粉母细胞减数分裂观察及制片

## 一、实验目的

学习植物花粉母细胞的制片技术,观察减数分裂的过程中细胞变化的特点及染色体的变化规律。

## 二、实验原理

减数分裂(meiosis)是生物在性母细胞成熟时配子形成过程中发生的一种特殊的有丝分裂。减数分裂分为两次连续的细胞分裂,而染色体只复制一次,结果使得子细胞中染色体数目减半。其中,第一次为染色体数目减半的分裂,即同源染色体发生分离;第二次为等数分裂,即姐妹染色单体发生分离。两次分裂可根据染色体变化的特征,分为前期、中期、后期、末期。由于第一次分裂的前期比较长,染色体变化很复杂,因此把前期又细分为五个时期。雌雄配子通过受精结合形成合子,最终又发育成新的个体,染色体恢复到原来的状态($2n$),确保了物种在遗传上的相对稳定性。同源染色体的配对、交换、分离和非同源染色体的自由组合,为生物的变异提供了重要的物质基础。

高等植物的减数分裂只出现在植物的花药和胚珠中,而且只发生在形成性细胞的一个很短的特定时间里。一般都通过观察花粉母细胞来了解减数分裂的情况。在适宜的时期采集植物花蕾,经固定、染色、压片等处理,即可在显微镜下观察小孢子母细胞减数分裂的各个时期。

各时期染色体变化的特征简述如下,并参见图 2-2-1。

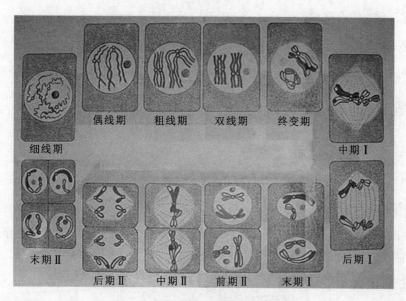

图 2-2-1 高等植物减数分裂模式图

## （一）第一次分裂

### 1. 前期 I

前期 I 又可分为五个时期。

（1）细线期（leptotene）：核内染色体呈细长线状，互相缠绕，难以辨别。

（2）偶线期（zygotene）：同源染色体相互纵向靠拢配对，称为联会。联会的一对同源染色体称为二价体。偶线期所表现的这一特征时间很短，一般较难观察到。

（3）粗线期（pachytene）：配对后的染色体逐渐缩短变粗，含有 2 个姐妹染色单体，一个二价体中就包含 4 个染色单体，故又称为四合体。在此期间各对同源染色体的非姐妹染色单体间可能发生片段交换。

（4）双线期（diplotene）：各对同源染色体开始分开，由于在粗线期中非姐妹染色单体之间发生了交换，因而在双线期中同源染色体的一定区段间会出现交叉结。此期可清楚地观察到交叉现象。

（5）终变期（diakinesis）：染色体继续缩短变粗，交叉结向二价体的两端移动，核仁和核膜开始消失，此时二价体分别分散在核内，适于染色体数目的计数。

### 2. 中期 I

核仁和核膜消失，所有二价体排列在赤道板两侧，细胞质里出现纺锤体，每个二价体的 2 条染色体的着丝粒分别趋向纺锤体的两极。此时最适于染色体计数和观察各染色体的形态特征。

### 3. 后期 I

二价体中的各对同源染色体发生分离，在纺锤体的作用下分别向两极移动，完成染色体数目的减半过程。此期同源染色体的两个成员必然分离，非同源染色体间的各个成员之间以同等机会随机结合，分别移向两极，但染色体的着丝粒尚未分裂，每个染色体含有 2 个姐妹染色单体。

### 4. 末期 I

染色体移到两极，松开变细，核仁和核膜重新出现，形成 2 个子核。细胞质分裂，在赤道板处形成细胞板,称为二分体。

### (二) 第二次分裂

第二次分裂是二分体进一步进行有丝分裂的过程,其过程同实验一的有丝分裂。

## 三、实验材料、器材与试剂

### (一) 实验材料

玉米($2n=20$)幼嫩雄穗、蚕豆($2n=12$)顶端幼嫩花序或大葱($2n=16$)花序等。

### (二) 实验器材

冰箱、显微镜、镊子、刀片、解剖针、电炉、烤片机、烧杯、盖玻片、载玻片、吸水纸、酒精灯、棕色试剂瓶、铁架台、漏斗、滤纸、药棉等。

### (三) 实验试剂

卡诺固定液、45%醋酸、胭脂红粉、1%~2%铁明矾水溶液、95%乙醇、70%乙醇、正丁醇、中性树胶、二甲苯、蒸馏水等。

醋酸洋红染液:45%醋酸 100 mL 加胭脂红粉 1 g,煮沸,冷却后再加 1%~2%铁明矾水溶液 5~10 滴,过滤后储存于棕色试剂瓶中。

## 四、实验内容

### (一) 取材与固定

**1. 玉米雄穗**

玉米雄穗露尖前 7~10 天,手捏喇叭口处感觉有松软雄穗时,于晴天上午 10:00—12:00,用刀片纵切叶鞘,取出幼嫩的雄穗花序分支,如花序先端小穗长 3~4 mm,花药长 2~3 mm,且尚未变黄即可,立即放入卡诺固定液中。12~24 h 后取出花序分支,用 95%乙醇漂洗去除醋酸味,浸入 70%乙醇中,置于冰箱中保存备用。

**2. 蚕豆花序**

在蚕豆刚现蕾时,取茎顶幼嫩的小花序,去掉周围小叶,将长 1 mm 左右的花苞于晴天上午 10:00—12:00 摘取,取下的花序立即放入卡诺固定液中固定 24 h 左右,然后取出小花序,用 95%乙醇漂洗去除醋酸味,浸入 70%乙醇中,置于冰箱中保存备用。

**3. 大葱花序**

北方越冬的大葱在第二年春季 3—4 月长出花序,颜色为绿色,花蕾长度为 3~4 mm,花药长度为 1~1.1 mm,于上午 8:00—10:00 取材花序。固定同玉米雄穗。

### (二) 制片与染色

制片时,需先选择制片的材料。玉米雄穗的小花中部偏上处最老,由此向上、向下逐渐变得幼嫩。蚕豆开花次序为由下而上、由外而内,中部小花幼嫩,边上小花较老。大葱头状花序为圆锥型或松塔型,开花顺序为由顶端到基部,基部小花幼嫩,顶端小花较老。应尽可能多取几个花药进行观察。用新鲜固定的花药观察效果较好。若用 70%乙醇保存的材料,在观察前需用卡诺固定液重新固定2～3 h,使材料软化,以改善染色效果。

将选取的小花置于载玻片上,用镊子剥开小花,取出花药,用清洁过的刀片压在花药上向一端抹去,涂抹成一薄层,立即在花药上滴1滴醋酸洋红染液,染色15～20 min。

## （三）烤片与压片

为了加深染色效果,将含有染液的载玻片放置在烤片机上,60 ℃下烘烤5 min。或者用手平持片子在酒精灯上方来回移动,并经常将片子放在手背上试温,以片子不烫手为宜,可反复进行多次,注意不能煮沸。烤片期间勿使染液干涸。立即从一侧采用缓放倾斜的方法盖上盖玻片,防止气泡产生,在盖玻片上垫一层吸水纸,用左手拇指和食指压其边缘,以右手拇指轻轻垂直下压,勿使盖玻片移动。

## （四）观察

将制好的片子先在低倍物镜下观察,找到典型分裂相的花粉母细胞后,再用高倍物镜仔细观察。若需观察染色体的细节,则需用油镜观察。同一个花药制成的片子上可能观察到2个以上的不同分裂相,需仔细寻找。

## （五）制作永久封片

制作永久封片的方法同实验一。

## 五、实验作业

(1)制作清洁、完整的减数分裂临时片和永久片各1张。

(2)镜检观察减数分裂各时期的典型细胞,绘图,标注各个时期,并简要描述各分裂时期的染色体特征。

## 六、参考文献

［1］戴朝曦.遗传学[M].北京:高等教育出版社,1998.

［2］祝水金.遗传学实验指导[M].2版.北京:中国农业出版社,2005.

［3］刘祖洞,江绍慧.遗传学实验[M].北京:高等教育出版社,1987.

［4］卢龙斗,常重杰.遗传学实验[M].2版.科学出版社,2014.

（延安大学　栗现芳）

# 实验三　植物染色体核型分析

## 一、实验目的

(1)分析植物细胞有丝分裂中期染色体数目与大小、着丝粒位置和随体等形态特征。

(2)学习染色体核型分析的方法。

## 二、实验原理

各种生物的染色体数目是恒定的。大多数高等动植物是二倍体(diploid)。也就是说,每一个体细胞含有两组同样的染色体,用 $2n$ 表示。其中与性别直接有关的染色体,即性染色体,可以不成对。每一个配子带有一组染色体,叫做单倍体(haploid),用 $n$ 表示。两性配子结合后,具有两组染色体,成为二倍体的体细胞。如蚕豆的体细胞 $2n=12$,配子 $n=6$;玉米的体细胞 $2n=20$,配子 $n=10$;水稻的体细胞 $2n=24$,配子 $n=12$;洋葱的体细胞 $2n=16$,配子 $n=8$。有些高等植物还是多倍体。

染色体在复制以后,纵向并列的两个染色单体(chromatids)往往通过着丝粒(centromere)联在一起。着丝粒在染色体上的位置是固定的。着丝粒的位置不同,把染色体分成相等或不等的两臂(arms),形成正中着丝粒、中着丝粒、亚中着丝粒、亚端着丝粒和端着丝粒等形态不同的染色体。此外,有的染色体还含有随体或次级缢痕。

各种生物染色体的形态、结构和数目都是相对稳定的。每一细胞内特定的染色体组成叫染色体核型(又叫组型)。

染色体核型分析(组型分析)就是研究一个物种细胞核内染色体的数目及各种染色体的形态特征,如对染色体的长度、着丝粒位置、臂比、随体有无等进行观测,从而描述和阐明该生物的染色体组成,为细胞遗传学、分类学和进化遗传学等研究提供实验依据。

染色体核型分析大都采用植物根尖等分生组织中的细胞有丝分裂中期照片,因为此期染色体具有较典型的特征,且易于计数。在进行核型分析时,染色体制片要求分裂相染色体分散,互不重叠,能清楚显示着丝粒位置。然后通过显微摄影,测量放大照片上的每个染色体的长度和其他形态特征,依次配对排列,编号,并对各对染色体的形态特征作出描述。

## 三、实验材料与器材

### (一) 实验材料

前面实验制得的分散较好的染色体的照片(图 2-3-1)。

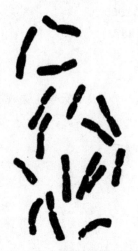

**图 2-3-1　染色体照片**

### (二) 实验器材

显微镜、显微照相系统、目镜测微尺、镜台测微尺、A4 纸、计算器、透明尺、剪刀、坐标纸、胶水以及制作有丝分裂玻片所需的用具。

## 四、实验内容

### (一) 测量

在放大的照片上用透明尺准确地量出各条染色体的总长度和每条染色体两臂的长度(分别量到着丝粒的中部)。随体的长度可计入或不计入染色体长度之内,但应注明。染色体弯曲不能用直尺测量时,可先用细线对比取得与染色体相等的长度,再用尺量出细线的相应长度。

（二）计算

（1）放大倍数的计算：用在显微镜下直接测得的某平直染色体的实际长度（μm），去除放大照片上的相应染色体的照相长度（μm）。

$$放大倍数=\frac{放大照片上的某染色体的照相长度}{目镜测微尺测定的实际长度}$$

（2）绝对长度计算：

$$某染色体（或臂）的绝对长度=\frac{某染色体（或臂）的照相长度}{放大倍数}$$

（3）相对长度的计算：

$$某染色体（或臂）的相对长度=\frac{某染色体（或臂）的绝对长度}{染色体组内全部染色体的总长度}×100\%$$

（4）臂比的计算：

$$臂比=\frac{长臂的长度}{短臂的长度}$$

（三）剪贴和配对

将放大照片上的各条染色体剪下，根据目测和染色体的相对长度、臂比、着丝粒位置、次缢痕的有无和位置、随体的有无和形态大小等特征，进行同源染色体配对。

（四）排列和粘贴

将配对好的染色体按照由大到小的顺序排列起来。排列时把各对染色体的着丝粒排在一条直线上，并且使短臂在上，长臂在下。对于等长的染色体，把短臂较长的染色体排在前面。随体染色体排在最后，性染色体和额外染色体单独排列。

已排好的同源染色体按染色体编号顺序粘贴在绘图纸上，粘贴时着丝粒要处在同一直线上。

（五）分类

根据着丝粒的位置，确定染色体的类型（表2-3-1），臂比反映着丝粒在染色体上的位置。具随体染色体（sat）用 * 标出。

表 2-3-1　染色体的类型

| 臂　比 | 染色体类型 | 符　号 |
|---|---|---|
| 1.0 | 正中着丝粒染色体 | M |
| 1.0～1.7 | 中着丝粒染色体 | m |
| 1.7～3.0 | 亚中着丝粒染色体 | sm |
| 3.0～7.0 | 亚端着丝粒染色体 | st |
| 7.0 以上 | 端着丝粒染色体 | t |

（六）写出染色体核型公式

写出染色体核型公式，例如：

吊兰的染色体核型公式为 $\qquad 2n=2x=28=2m+24sm+2st$

洋葱的染色体核型公式为 $\qquad 2n=2x=16=14M+2st$

（七）绘制染色体核型模式图

将剪贴排列好的染色体核型图,用坐标纸或绘图纸绘成染色体核型模式图。如图 2-3-2 为吊兰染色体核型模式图。

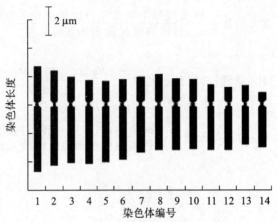

**图 2-3-2　吊兰染色体核型模式图**

## 五、实验作业与思考题

（1）写实验报告,对实验过程中出现的各种问题进行讨论分析。

（2）对染色体图片进行测量,填写表 2-3-2。注意记录是否有随体。

**表 2-3-2　染色体的测量结果**

| 染色体编号 | 放大相片的长度/mm | | | 绝对长度/μm | | | 相对长度 | 臂　比 | 染色体类型 | 备　注 |
|---|---|---|---|---|---|---|---|---|---|---|
| | 长臂 | 短臂 | 全长 | 长臂 | 短臂 | 全长 | | | | |
| 1 | | | | | | | | | | |
| 2 | | | | | | | | | | |
| 3 | | | | | | | | | | |
| 4 | | | | | | | | | | |
| 5 | | | | | | | | | | |
| 6 | | | | | | | | | | |
| 7 | | | | | | | | | | |
| 8 | | | | | | | | | | |
| 9 | | | | | | | | | | |
| 10 | | | | | | | | | | |
| ⋮ | | | | | | | | | | |

（3）提交植物染色体核型剪贴图。

（4）绘制植物染色体核型模式图。

（5）对生物进行染色体核型分析有何意义?

（唐山师范学院　张连忠）

# 实验四 玉米籽粒性状的遗传分析

## 一、实验目的

（1）掌握以玉米为材料进行两对基因遗传杂交实验的基本方法。

（2）学会记录杂交结果，掌握统计处理方法。

（3）理解两对基因独立分配定律的原理，并能独立设计、完成新的同类实验。

## 二、实验原理

玉米籽粒性状是经典遗传研究中的重要内容。玉米甜粒与非甜粒由第6号染色体上一对等位基因（Susu）控制，非甜粒为显性性状，籽粒形态上呈现饱满的特点，甜粒为隐性性状，籽粒形态上呈现皱缩的特点。糯性与非糯性由第9号染色体上一对等位基因（Wxwx）控制，非糯性为显性性状，糯性为隐性性状。根据独立分配定律（又称自由组合定律），如果分别控制两对相对性状的基因分布在不同染色体上，则在减数分裂形成配子时，位于同源染色体上的每一对等位基因发生分离，而位于非同源染色体上的基因之间可以自由组合。因此，两对不相互连锁的基因所决定的性状在杂种第二代就呈现 9∶3∶3∶1 之比（图 2-4-1）。玉米中非糯性品种的胚乳淀粉为直链淀粉，遇碘呈蓝黑色，糯性品种的胚乳淀粉为支链淀粉，遇碘呈棕红色，经碘染色后，可明确地区分两种玉米。

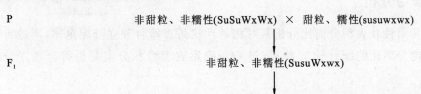

P　　　　　　　非甜粒、非糯性(SuSuWxWx) × 甜粒、糯性(susuwxwx)

F₁　　　　　　　非甜粒、非糯性(SusuWxwx)

F₂　　9Su_Wx_(非甜粒、非糯性)∶3susuWx_(甜粒、非糯性)∶3Su_wxwx(非甜粒、糯性)∶1susuwxwx(甜粒、糯性)

**图 2-4-1　玉米两对相对性状的独立遗传**

## 三、实验材料、器材与试剂

### （一）实验材料

玉米（*Zea mays*）（非甜粒、非糯性×甜粒、糯性）的 F₁ 自交果穗。

### （二）实验器材

计算器、计数器。

### （三）实验试剂

1％碘-碘化钾溶液。

## 四、实验内容

### (一)性状观察、分类计数

每人取玉米(非甜粒、非糯性×甜粒、糯性)$F_1$自交果穗一个,观察各种类型籽粒的颜色特征,利用1‰碘-碘化钾溶液染色来确定糯性和非糯性,按籽粒性状类型分类计数,最后将各小组(4人/组)观察的数据汇总,填入表2-4-1中。

### (二)性状分离比的$\chi^2$检验

各组统计玉米$F_2$籽粒总数,按表型及对应的理论比例(9∶3∶3∶1)推算出理论值,填入表2-4-1中,将观察值和理论值进行$\chi^2$检验。

表 2-4-1　两对相对性状的遗传分析

| 项　　　目 | 非甜粒、非糯性 | 甜粒、非糯性 | 非甜粒、糯性 | 甜粒、糯性 | 合　　计 |
|---|---|---|---|---|---|
| 观察值($O$) | | | | | |
| 理论值($E$) | | | | | |
| 偏差($O-E$) | | | | | |
| 差方($O-E)^2$ | | | | | |
| $(O-E)^2/E$ | | | | | |

$$自由度 = n-1$$
$$\chi^2 = \sum \frac{(O-E)^2}{E}$$

## 五、实验结果与分析

初步根据两对相对性状表型分离比分析两对相对性状是否符合独立分配定律,再进行表型性状分离比与理论分离比的统计学$\chi^2$检验,进一步确定表型性状分离是否符合独立分配定律。

## 六、注意事项

(1) 每人考察、计数 2 个不同类型的果穗。
(2) 每个果穗只能被考察、计数 1 次。

## 七、思考题

(1) 为什么要进行$\chi^2$检验?$\chi^2$检验适用于哪些统计分析?
(2) 如果出现不符合独立分配定律的现象,可能的解释是什么?
(3) 如果将玉米籽粒亲本进行正交和反交,实验结果是否会有差异?

## 八、参考文献

[1] 乔守怡.遗传学分析实验教程[M].北京:高等教育出版社,2008.
[2] 张文霞,戴灼华.遗传学实验指导[M].北京:高等教育出版社,2007.

(牡丹江师范学院　宗宪春)

# 实验五　物理、化学因素对植物染色体的影响

## 一、实验目的

(1) 了解物理、化学因素对染色体的诱变作用。

(2) 掌握物理、化学因素诱变处理的染色体制片技术及分析方法。

(3) 理解微核测试的原理和毒理遗传学在实际生活与工作中的应用及意义。

## 二、实验原理

物理、化学因素对染色体有诱变作用，如紫外线、电离辐射、多种化学诱变剂可以引起染色体畸变。在细胞学上观察可见微核、双着丝粒的桥和断片等(图 2-5-1)。微核(micronuclei，MCN)是真核生物细胞中的一种异常结构，是细胞经辐射或化学药物的作用而产生的。在细胞间期，微核呈圆形或椭圆形，游离于主核之外，大小为主核的 1/3 以下。微核的折射率及细胞化学反应性质和主核一样。一般认为微核是由有丝分裂后期丧失着丝粒的染色体断片产生的，但有些实验也证明整个的染色体或多个染色体也能形成微核。这些断片或染色体在细胞分裂末期被两个子细胞核排斥，形成第三个核块微核。已经证实，微核率的大小与用药的剂量或辐射累积效应呈正相关，这一点和染色体畸变的情况一样。所以可用简易的间期微核计数来代替繁杂的中期畸变染色体计数。

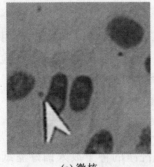 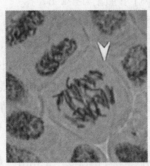 

(a) 微核　　　　　　　　(b) 粘连　　　　　　　　(c) 断片

**图 2-5-1　染色体结构变异图**

由于大量新化合物的合成、原子能的应用、各种各样工业废物的排出，人们需要一套高度灵敏、技术简单的测试系统来监视环境的变化，使真核生物的测试系统能更直接推测诱变物质对人类或其他高等生物遗传的危害。在这个方面，微核测试是一种比较理想的方法。有研究显示，以动、植物进行微核测试的符合率可达 99% 以上。目前微核测试已经广泛应用于辐射损伤、辐射防护、化学诱变剂、新药试验、染色体遗传疾病及癌症前期诊断等方面。

利用蚕豆根尖作为实验材料进行微核测试，可准确地显示出各种处理诱发畸变的效果，并可用于环境中物理、化学因素造成的污染程度的监测。

## 三、实验材料、器材与试剂

### (一)实验材料

蚕豆种子。

### (二)实验器材

电子天平、恒温水浴锅、恒温培养箱、紫外灯、培养皿、光学显微镜、载玻片、盖玻片、白瓷盘、刀片、镊子、烧杯、滤纸、吸水纸、广口瓶等。

### (三)实验试剂

70%乙醇、冰醋酸、1 mol/L HCl 溶液、不同浓度叠氮化钠溶液、卡诺固定液、改良苯酚品红染液等。

## 四、实验内容

### (一)浸种催芽

将蚕豆种子洗净,放入 25 ℃的温水中浸泡 24 h,然后转入铺有湿润吸水纸的白瓷盘中,置于 25 ℃恒温培养箱中发芽。种子幼根长至 1~2 cm 时,进行物理、化学因素处理。

### (二)物理、化学因素处理

(1)物理因素处理:放在紫外灯下照射 1~2 h。

(2)化学因素处理:加入不同浓度叠氮化钠溶液,培养 5 h。

叠氮化钠溶液浓度分别为 0.2 mmol/L、0.4 mmol/L、0.8 mmol/L、1 mmol/L,用被检测液处理根尖,每一处理选取 6~8 粒初生根尖生长良好、根长一致的种子,放入盛有被检测液的培养皿中,被检测液应浸没根尖。同时,取另一培养皿以蒸馏水处理根尖,作为对照。处理时间约为 6 h(此时间可根据实验要求和被检测液的浓度等情况而定)。

### (三)根尖细胞恢复培养

将处理后的种子用蒸馏水浸洗 3 次,每次 2~3 min。将洗净的种子放入铺好滤纸或脱脂棉的白瓷盘内,置于 25 ℃恒温培养箱中恢复培养 22~24 h。

### (四)固定根尖细胞

将恢复培养的种子从根尖顶端切下 1 cm 长的幼根,放入广口瓶中,以卡诺固定液固定2~24 h 后,保存于 70%乙醇中。

### (五)解离

从卡诺固定液中取出蚕豆根尖,用蒸馏水漂洗,再放到 1 mol/L HCl 溶液中,在 60 ℃水浴中解离 8~12 min,用蒸馏水漂洗干净。

### (六)染色

用刀片切下根尖分生组织约 2 mm,置于载玻片上,加上 1 滴改良苯酚品红染液染色 2~

## （七）压片

盖上盖玻片，用镊子尖部轻轻地敲打盖玻片，再覆以吸水纸，用大拇指均匀加压，使材料分开，并吸去多余染液。

## （八）镜检

将玻片标本放在光学显微镜的低倍物镜下观察，找到分生组织区中细胞分散良好、核膨大、分裂相多的部分，并转到高倍物镜下进行观察。

# 五、实验结果与分析

微核识别标准：①在主核大小的 1/3 以下，并与主核分离的小核；②小核着色与主核相当或稍浅；③小核形态为圆形、椭圆形或不规则形。

每一处理过程观察 3 个根尖，每个根尖计数 1000 个细胞中的微核数并记录在表 2-5-1 中。

## （一）蚕豆根尖微核检测记录

表 2-5-1　蚕豆根尖微核检测记录

| 片　号 | 1 | 2 | 3 | 合　计 |
|---|---|---|---|---|
| 细胞数 | | | | |
| 微核数 | | | | |
| 平均微核率/(‰) | | | | |

## （二）实验数据的统计处理和污染程度划分

将实验数据按以下步骤进行统计学分析处理。

### 1. 计算各测试样品和对照组的微核率

$$微核率=\frac{某测试样品（或对照组）观察到的微核数}{某测试样品（或对照组）观察到的细胞数}\times1000‰$$

如果对照本底微核率为 10 ‰以下，可采用如下标准进行分析，以确定样品的污染程度：微核率在 10‰以下，表示基本没有污染；微核率在 10‰～18‰区间，表示有轻度污染；微核率在 18‰～30‰区间，表示有中度污染；微核率在 30‰以上，表示有重度污染。

### 2. 污染指数

污染程度也可以采用污染指数判别，计算公式如下：

$$污染指数（PI）=\frac{样品实测微核率平均值}{标准水（对照组）微核率平均值}$$

污染指数在 0～1.5 区间，为基本没有污染；污染指数在 1.5～2 区间，为轻度污染；污染指数在 2～3.5 区间，为中度污染；污染指数在 3.5 以上，为重度污染。此方法可避免实验条件等因素带来的微核率本底的波动。

# 六、注意事项

（1）凡数值在上、下限时，定为上一级污染。

(2) 对严重污染的水环境进行检测时,检测处理会造成根尖死亡,应稀释后再进行测试。

(3) 在没有空调恒温设备时,如室温超过 30 ℃,微核率本底也可能有升高现象,但可用污染指数法进行数据处理,不会影响检测结果。

## 七、思考题

(1) 在诱变处理后,为什么要进行恢复培养?
(2) 为什么把微核测试作为检测环境污染的手段?

## 八、参考文献

[1] 乔守怡.遗传学分析实验教程[M].北京:高等教育出版社,2008.
[2] 刘祖洞,江绍慧.遗传学实验[M].2 版.北京:高等教育出版社,1987.

(牡丹江师范学院　宗宪春)

# 实验六　姐妹染色单体分染技术

## 一、实验目的

(1) 掌握姐妹染色单体分染技术的基本原理及计数方法。
(2) 了解姐妹染色单体分染技术在环境污染监测方面的应用。

## 二、实验原理

1938 年,McClintock 首次提出姐妹染色单体交换(SCE)的概念。1958 年,Taylor 使用放射自显影技术,首次证实了植物细胞染色体存在 SCE 现象。此后又有许多科研人员做了大量的研究工作,1985 年余其兴等用 BrdU-Feulgen 法研究了植物姐妹染色单体分染技术。SCE是指来自一条染色体的两条姐妹染色单体之间同源片段的互换,是染色体在 DNA 复制过程中产生的非正常交换现象。

姐妹染色单体分染技术的核心是姐妹染色单体色差显示(SCD)。

有丝分裂中期染色体是由两条姐妹染色单体组成的,每条染色单体又是由一个双螺旋结构的 DNA 链构成的。在 DNA 半保留复制过程中,胸腺核苷酸(T)的类似物 5-溴脱氧尿嘧啶核苷(5-BrdU)可以代替 T 掺入新合成的 DNA 链中,并占据 T 的位置。当细胞在含有适当浓度 5-BrdU 的培养液中经历两个细胞分裂周期之后,有丝分裂中期一条染色体上的两条姐妹染色单体的 DNA 双链在化学组成上就有了差别。一条染色单体的 DNA 双链 T 位完全由 5-BrdU 代替(BB),也可能导致一条染色单体 DNA 双链的一条链含有 5-BrdU,而另一条链不含5-BrdU(BT)。由于 BB 染色单体的耐水解能力比 BT 染色单体稍强,因此经染色后会出现染色差别,BB 染色单体颜色稍淡。当染色体处在细胞分裂中期时,姐妹染色单体之间某些部位已经发生互换,所以在互换处可见一对界限明显、颜色深浅对称的互换片段。

近年来发现物理、化学等诱变剂能使 SCE 频率显著提高,而且在检测遗传物质损伤的多种方法中,由于 SCE 能灵敏地检测染色体的变化,并表现出剂量效应关系。已把 SCE 列为检测致突变物、致癌物的常规指标之一。

## 三、实验材料、器材与试剂

### (一)实验材料

蚕豆种子。

### (二)实验器材

白瓷盘、广口瓶、烧杯、培养皿、盖玻片、恒温培养箱、恒温水浴锅、冰箱等。

### (三)实验试剂

50 μg/mL 5-BrdU 溶液、0.05%秋水仙素溶液、70%乙醇、95%乙醇、冰醋酸、1 mol/L HCl 溶液、改良苯酚品红染液等。

## 四、实验内容

### (一)材料培养及处理

将实验用蚕豆种子按需要量放入盛有蒸馏水的烧杯中,在 25 ℃下浸泡 24 h,期间至少用 25 ℃的温水更换两次。种子吸胀后,用纱布松散包裹,置于白瓷盘中,保持湿度,在 25 ℃恒温培养箱中催芽 12~24 h;待初生根长出 2~3 mm 时,再取发芽良好的种子,放入铺满滤纸的白瓷盘中,25 ℃继续催芽,经 36~48 h,大部分初生根长至 1~2 cm,作为实验基础材料。

一般上午 9:30—11:00 取材较好,剪下根尖,用蒸馏水清洗后,放在广口瓶中固定(固定液是 95%乙醇-冰醋酸(3:1),现配现用)12~24 h,然后浸泡在 70%乙醇中,置于冰箱 4 ℃保存备用。

用 50 μg/mL 5-BrdU 溶液处理根尖。选取 6~8 粒初生根尖生长良好、根长一致的种子,避光处理,25 ℃培养 20 h(同时取另一培养皿以蒸馏水处理根尖,作为对照),然后用蒸馏水冲洗根尖,换用被检测液 25 ℃避光培养 1 h,再用蒸馏水冲洗根尖,用 5 μg/mL 5-BrdU 溶液 25 ℃避光培养 20 h。最后用蒸馏水冲洗根尖,换用 0.05%秋水仙素溶液处理 4 h,根尖即可用于实验。

### (二)解离、制片和染色

(1)解离:将材料放置在 1 mol/L HCl 溶液中,60 ℃水浴解离 8~10 min。
(2)制片:切取根尖分生区最薄的组织,用十字交叉法压片。
(3)染色:在材料的位置处加 1 滴改良苯酚品红染液染色 8~10 min,加盖玻片。

### (三)镜检

选择染色体分散较好、数目为 2n=12 的 30 个细胞进行观察计数。SCE 频率以每个细胞交换数的平均值计算。染色体交换数计算见图 2-6-1。

## 五、实验结果与分析

观察 30 个细胞的分裂相,记录每个细胞的交换总数,计算 SCE 频率。

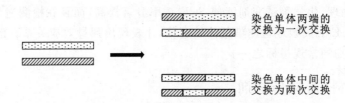

右侧文字：
染色单体两端的
交换为一次交换

染色单体中间的
交换为两次交换

图 2-6-1　染色体交换数计算情况示意图

## 六、注意事项

(1) 5-BrdU 是一种强突变剂,使用时浓度不宜过高,否则会产生细胞毒性作用。

(2) 培养时间与温度会影响 SCE 频率,要特别注意。

## 七、思考题

(1) 本实验的材料掺入 5-BrdU 时,为什么要在避光的条件下培养?

(2) 为什么姊妹染色单体分染技术可以用于环境污染监测?

(3) 本次实验是用柔嫩的蚕豆根尖进行处理的,如果用老的蚕豆根尖能检测到环境污染吗? 相同的污染环境,两种材料污染结果一样吗? 为什么?

(4) 为什么大多数危险环境的警示牌上写着"孕妇止步"呢?

## 八、参考文献

[1] 张文霞,戴灼华. 遗传学实习指导[M]. 北京:高等教育出版社,2007.

[2] 李雅轩,赵昕. 遗传学综合实验[M]. 北京:科学出版社,2006.

(长治学院　秦永燕)

# 实验七　细胞内 DNA 和 RNA 的染色定性鉴定

## 一、实验目的

(1) 掌握显示细胞内 DNA 和 RNA 的方法。

(2) 熟悉细胞内 DNA 和 RNA 的分布位置。

## 二、实验原理

核酸是酸性的,它们对于碱性染料派洛宁和甲基绿具有亲和力。利用这两种染料的混合液处理细胞,可使其中的 DNA 和 RNA 呈现出不同的颜色,这种颜色上的差异主要是由 DNA 和 RNA 聚合程度的不同引起的,因为甲基绿分子上有两个相对的正电荷,它与聚合程度较高的 DNA 分子有较强的亲和力,可使 DNA 分子染成蓝绿色,而派洛宁分子中仅有一个正电荷,可与低聚分子 RNA 相结合使其染成红色,这样细胞中的 DNA 和 RNA 就被区别开来。

### 三、实验材料、器材与试剂

（一）实验材料

洋葱、蟾蜍。

（二）实验器材

光学显微镜、剪刀、镊子、解剖针、载玻片、盖玻片、染色缸、染色架、注射器、吸水纸、吸管等。

（三）实验试剂

0.2 mol/L醋酸-醋酸钠缓冲液、2％甲基绿染液、1％派洛宁染液、甲基绿-派洛宁混合染液、乙醚、95％乙醇、丙酮等。

试剂的配制如下。

(1) 0.2 mol/L醋酸-醋酸钠缓冲液：用2 mL注射器抽取1.2 mL冰醋酸，加入98.8 mL蒸馏水中，混匀。再称取醋酸钠晶体（NaAc·$3H_2O$）2.7 g，溶于100 mL蒸馏水中，使用时按2∶3的比例混合两液即成。

(2) 2％甲基绿染液：称取2.0 g去杂质的甲基绿，溶于100 mL 0.2 mol/L醋酸-醋酸钠缓冲液中即成。

(3) 1％派洛宁染液：称取1.0 g派洛宁（吡罗红），溶于100 mL 0.2 mol/L醋酸-醋酸钠缓冲液中，混匀。

(4) 甲基绿-派洛宁混合染液：将2％甲基绿染液和1％派洛宁染液以5∶2的比例混合均匀即可。该染液应现用现配，不宜久置。

### 四、实验内容

（一）蟾蜍血涂片细胞DNA和RNA的显示

(1) 制备蟾蜍血涂片：将蟾蜍用乙醚麻醉后，打开胸腔，剪开心包，小心地在其心脏上剪开一个小口，取心脏血1小滴，滴在干净的载玻片一端，用另一载玻片的一端紧贴血滴，待血液沿其边缘展开后，以30°～40°角向载玻片的另一端推去，制成较薄的血涂片，室温下晾干。

(2) 固定：将晾干的血涂片浸入95％乙醇中固定5～10 min，取出后在室温下晾干。

(3) 染色：将血涂片平放在染色架上，往血涂片上加数滴甲基绿-派洛宁混合染液，染色5～15 min。

(4) 冲洗：用蒸馏水冲洗血涂片，并用吸水纸吸去血涂片上多余的水分，但不要吸得过干。

(5) 分化：将血涂片在纯丙酮中迅速地过一下，进行分化，取出晾干。

(6) 观察：光学显微镜下可见蟾蜍血涂片细胞内细胞质（主要含RNA）呈现红色，细胞核（主要含DNA）呈绿色（图2-7-1）。

（二）洋葱表皮细胞DNA和RNA的显示

(1) 取材：用小镊子撕取一小块洋葱鳞茎表皮，置于载玻片上。

(2) 染色：用吸管吸取甲基绿-派洛宁混合染液，滴1滴在表皮上，染色30～40 min。

（3）冲洗：用蒸馏水冲洗表皮，并立即用吸水纸吸干（因派洛宁易脱色）。

（4）观察：盖上盖玻片后置于显微镜下观察。可见细胞核除核仁外均被染成蓝绿色，表明其含有 DNA，而细胞质因含有较多 RNA 而被染成红色。洋葱表皮细胞内 DNA 和 RNA 如图 2-7-2 所示。

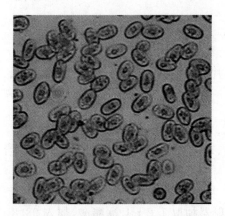

图 2-7-1　蟾蜍血涂片细胞内 DNA(细胞核)
　　　　　和 RNA(细胞质)

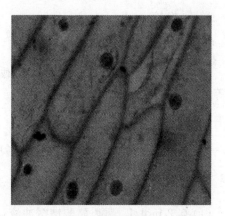

图 2-7-2　洋葱表皮细胞内 DNA(细胞核)
　　　　　和 RNA(细胞质)

## 五、实验结果与分析

（1）从染液的配方来看，常规配方由于没有将甲基绿中的甲基紫洗涤排出，而甲基紫中的紫色遮盖住甲基绿-派洛宁混合染液中的红色与绿色，造成整个细胞都染成紫红色。另外改良配方中有醋酸-醋酸钠缓冲液，可在一定范围内抗酸、抗碱、抗氧化，不易使染液失效。

（2）从实验材料来看，洋葱鳞茎表皮比其他材料更易获得单层细胞，这样可以避免因多层细胞重叠而影响染色的效果。

（3）从制片方法来看，火焰干燥法与直接染色法的区别在于：前者是在高温及 1 mol/L HCl 溶液中解离后再染色，而后者则是材料未经任何处理直接染色。核酸分子在高温及强酸作用下容易发生变性，导致分子的化学结构与空间构型发生改变，而不同甲基绿-派洛宁混合染液发生反应，无法区分染色。

## 六、注意事项

甲基绿中往往混有影响染色效果的甲基紫，必须预先除去，其方法是将甲基绿溶于蒸馏水中，转移至分液漏斗中，加入足量的氯仿，用力振荡，然后静置，弃去含甲基紫的氯仿层，再加入氯仿重复萃取数次，直至氯仿中无甲基紫为止，最后放入 40 ℃恒温箱中干燥后备用。

## 七、思考题

细胞核中核仁理论上应被染成什么颜色？为什么？

## 八、参考文献

[1] 敖兰，郝连振，王红蕊. 吡罗红、甲基绿与核酸染色反应实验探究[J]. 生物学通报，

2019,54(11):43-45.

[2] 刘晓静,王庆红."观察 DNA 和 RNA 在细胞中分布"实验的改进与创新[J].生物学通报,2019,54(3):39-41.

[3] 金日男,夏潮涌.三种 Feulgen 染色方法的比较[J].中国体视学与图像分析,2006,11(1):39-44.

[4] 唐历波,张青峰,姬可平,等.细胞内 DNA 和 RNA 显色反应的改进[J].实验室研究与探索,2006,25(11):1358-1359.

（湖南文理学院　张运生）

# 第三部分

# 动物遗传学实验

## 实验八 动物细胞有丝分裂观察

### 一、实验目的

(1) 掌握动物骨髓细胞染色体标本的制备方法。
(2) 掌握动物有丝分裂细胞和染色体的变化特点。

### 二、实验原理

细胞有丝分裂是一个连续过程,可分为前期、中期、后期和末期四个时期。有丝分裂在整个细胞周期中约占 10% 的时间,其余大部分时间处于细胞间期。细胞周期染色体变化的特征简述如下。

**1. 前期**

核内染色质逐渐浓缩为细长而卷曲的染色体,核仁和核膜逐渐模糊。染色体出现是进入前期的标志,每一个染色体含有两个染色单体,它们具有一个共同的着丝粒。

**2. 中期**

主要特征是纺锤体形成,染色体排列在赤道板上,核仁和核膜消失。在中期,染色体呈分散状态,且缩得最短最粗。中期是鉴别染色体的形态和数目的最好时期。

**3. 后期**

主要特征是各染色体着丝粒一分为二,两个染色单体分离成两个子染色体,并各自随着纺锤丝的收缩而移向两极。

**4. 末期**

在两极围绕着染色体出现新的核膜,染色体开始去凝集,呈现出松散细长的状态。赤道板周围细胞表面下陷,形成环状缢缩,并在其下方组装成收缩环。收缩环不断收缩,直到两个子细胞完全分开。

**5. 间期**

间期是细胞分裂末期到下一次细胞分裂前期之间的一段时期。在整个细胞周期中,间期时间最长。在光学显微镜下,看不到染色体,只看到较均匀一致的细胞核及其中许多的染色质。

动物(如小鼠、蛙等)骨髓细胞具有高度分裂增殖能力,取材方便,不需灭菌培养便可制备染色体标本,见图 3-8-1 和图 3-8-2。

图 3-8-1　小鼠骨髓细胞染色体

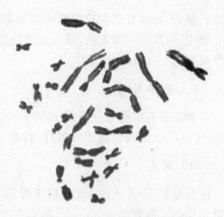

图 3-8-2　蛙骨髓细胞染色体

秋水仙素的作用机理：当细胞进行分裂时，一方面，能使染色体的着丝粒延迟分裂，于是已复制的染色体中两个单体分离，而着丝粒仍连在一起，形成 X 形染色体图像，另一方面，引起前期的纺锤丝断裂，或抑制中期纺锤体的形成，结果到分裂后期染色体不能移向两极，而重组成一个双倍性的细胞核。

## 三、实验材料、器材与试剂

### （一）实验材料

健康、成熟的小白鼠。

### （二）实验器材

显微镜、载玻片（冰水冷冻）、刻度离心管、离心机、托盘天平、试管架、5 mL 注射器、6 号针头、恒温水浴锅、吸管、量筒、小烧杯、解剖板、解剖剪、镊子、解剖针、染色盘、酒精灯、纱布、记号笔等。

### （三）实验试剂

100 $\mu$g/mL 秋水仙素溶液、2％柠檬酸钠溶液、0.075 mol/L KCl 溶液、冰醋酸、甲醇、Giemsa 原液、0.01 mol/L 磷酸盐缓冲液（pH6.8）、Giemsa 染液（0.5 mL Giemsa 原液加 9.5 mL pH6.8 的 0.01 mol/L 磷酸盐缓冲液）。

## 四、实验内容

### （一）秋水仙素处理

用 65～90 日龄的健康小鼠，在取骨髓前的 3～4 h，向小鼠腹腔注入 100 $\mu$g/mL 秋水仙素溶液 0.3～0.4 mL。

### （二）取骨髓

取经秋水仙素处理的小鼠，以损伤骨髓法处死小鼠，立即用清洁的解剖剪剔除大腿上的皮肤和肌肉，暴露出股骨及其两端相连的关节。再进一步清除股骨上残余的肌肉，然后从股骨两端关节头处剪下股骨，立即用 2％柠檬酸钠溶液冲洗干净。剪掉股骨两端膨大的关节头，使其露出骨髓腔，用吸有适量柠檬酸钠溶液的注射器从股骨的一端插入，将骨髓吹入 10 mL 刻度离心管中，再从另一端吹洗，可反复吹洗数次，直至股骨变白为止。此时刻度离心管中的细胞悬浮液可达 4～5 mL。

### （三）低渗处理

将所获得的细胞悬浮液经 1000 r/min 离心 10 min，除去上清液，加 0.075 mol/L KCl 溶液 6～8 mL，立即将细胞团吹散打匀，在 37 ℃ 水浴下静置 30 min，中间用吸管轻轻吹打 1 次。

### （四）固定

沿管壁加 6～8 mL 新配制的甲醇-冰醋酸固定液（3∶1），立即吹散细胞团，使其在固定液中悬浮均匀。静置固定 30 min，即第 1 次固定；1000 r/min 离心 10 min，除去上清液，再次加入相同体积的甲醇-冰醋酸固定液（3∶1）进行第 2 次固定；30 min 后同上述条件离心，弃去上清液，再用甲醇-冰醋酸固定液（1∶1）进行第 3 次固定；20 min 后同上述条件离心，弃去上清液，仅留 0.1～0.2 mL 的细胞团和上清液，再加上甲醇-冰醋酸固定液（1∶1）2～3 滴（视细胞多少适当加减滴数，大约为细胞体积的 5 倍），摇匀，制成细胞悬浮液。

### （五）滴片

取事先在冰水中预冷的载玻片，滴 1～2 滴细胞悬浮液于沾有冰水的载玻片上。立即用吸管轻轻吹气，使细胞迅速分散，然后将制片平放或 45°角斜放，待其自然干燥或在酒精灯上用文火烘干。

### （六）染色

取 2 张制片反扣在染色盘上，将约 3 mL Giemsa 染液用吸管缓缓加入制片下，不要形成气泡。扣染 30 min 后，用蒸馏水冲洗，晾干后即可进行观察。

### （七）观察

(1) 在低倍物镜下观察 Giemsa 染色之后细胞的中期分裂相的形态。
(2) 在中倍物镜下选择分散适度、不重叠的染色体的分裂相，在油镜（物镜 100×）下进行观察。
(3) 观察小鼠端着丝粒染色体的特征，识别着丝粒、染色单体、染色体。计算 $2n$ 的染色体数目。分析两性之间核型上的差别。

## 五、实验作业

绘制小鼠骨髓细胞中期分裂相图，注明染色体数、形态特征和性别。

## 六、参考文献

[1] 杨汉明. 细胞生物学实验[M]. 2 版. 北京：高等教育出版社，1997.
[2] 王子淑. 人体及动物细胞遗传学实验技术[M]. 成都：四川大学出版社，1987.
[3] 刘祖洞，江绍慧. 遗传学实验[M]. 北京：高等教育出版社，1987.
[4] 周焕庚，夏家辉，张思仲. 人类染色体[M]. 北京：科学出版社，1987.
[5] 吴鹤龄，林锦湖. 遗传学实验方法和技术[M]. 北京：高等教育出版社，1983.
[6] Wang H C, Fedoroff S. Banding in human chromosomes treated with trypsin[J].

Nature New Biol. ,1972,235(54):52-53.

[7] Levan A, Fredga K, Sandberg A. Nomenclature for centromeric position on chromosomes[J]. Hereditas,1964,52(4):201-220.

[8] 刘良国,赵俊,崔淼,等.尖鳍鲤的染色体组型研究[J].华南师范大学学报(自然科学版),2004,(1):108-111.

（湖南文理学院　杨友伟）

# 实验九　动物生殖细胞减数分裂观察

## 一、实验目的

（1）掌握动物性母细胞减数分裂染色体标本的制备方法及技术。

（2）熟悉减数分裂各时期的染色体形态特征及其动态变化规律。

## 二、实验原理

减数分裂是生物性成熟后性母细胞形成配子过程中的一种特殊的细胞分裂方式,细胞连续分裂两次,但 DNA 和染色体仅复制一次,最终形成的 4 个子细胞中染色体数目减半。在减数分裂过程中,细胞核内染色体同样呈现出有规律的动态变化,并且在特定的时期染色体具有特定的形态结构,因而也是进行染色体形态、结构和数目分析的较好时期。减数分裂包含两次连续的分裂,第一次分裂为染色体数目减半的分裂,第二次分裂为染色体数目等数的分裂,两次分裂根据染色体数目变化的规律又各自分为前期、中期、后期和末期。其中,第一次分裂的前期 I 时间较长,情况比较复杂,可进一步划分为细线期、偶线期、粗线期、双线期和终变期。减数分裂的终产物四分体的染色体数目($n$)是体细胞数目的一半。减数分裂过程中各时期染色体的行为变化、形态特征简述如下。

（一）减数第一次分裂

### 1. 前期 I

前期 I 又可分为以下五个时期。

（1）细线期:染色质凝集,出现螺旋丝。该期染色体排列多变。

（2）偶线期:又称配对期。在细线期终了阶段,染色体渐渐缩短变粗。来自父本、母本各自相对应的染色体,其形态、结构相似,成为同源染色体。同源染色体进行配对,即联会,是该期的主要特征。当同源染色体配对完成后,在两者之间便形成一个复合结构,即联会复合体。

（3）粗线期:又称重组期。染色体明显变粗变短,结合紧密,同源染色体之间发生 DNA 片段的交换,产生新的等位基因的组合。

（4）双线期:同源染色体分开,可见到四分体,每个染色体上含有一对姐妹染色单体,因而每对同源染色体含有两对姐妹染色单体,共 4 个染色单体,故称四分体。同源染色体之间的接触点,称为交叉,这是从形态学提出粗线期同源染色体之间发生交换的证据。双线期染色体比粗线期缩得更短,核仁体积进一步缩小。

(5)终变期:双线期与终变期之间的差别并不十分明显,可从它们之间染色体的长度及姐妹染色单体与另一对染色单体分开的距离来区别。染色体缩得更短,交叉移动仍在进行,即交叉向染色体臂的端部移行,称为交叉端化。核仁消失,四分体较均匀地分散在核中。终变期的完成标志着减数分裂前期Ⅰ的结束,其结果是染色体重组,合成了配子所需要的或胚胎早期发育所需要的全部或大部分 RNA、蛋白质及糖类物质,染色体凝集成短棒状。

**2. 中期Ⅰ**

核仁、核膜解体,所有二价体排列在赤道板上,纺锤丝与着丝粒相连,形成纺锤体,二价体两条染色体的着丝粒分别趋向细胞的两极,此时最适合染色体计数及形态特征观察。

**3. 后期Ⅰ**

同源染色体开始分开,在纺锤丝的作用下分别向两极移动,完成染色体数目减半的过程。注意,此时染色体的着丝粒尚未分裂,每个染色体仍由两个姐妹染色单体构成。

**4. 末期Ⅰ**

染色体移到细胞两极,松开变细,核仁、核膜重新出现,形成两个子核;细胞质随机分裂,在赤道板上形成细胞板,成为二分体。

**(二)减数第二次分裂**

减数第一次分裂完成后有一短暂的间期,二分体中的核仁、核膜完全形成,但染色体螺旋并不完全解开,紧接着进入减数第二次分裂。减数第二次分裂的前、中、后、末各个时期染色体数目及形态变化跟有丝分裂一致。

在减数分裂过程中,常常伴随非姐妹染色单体的片段交换和其他特殊染色体行为,可为遗传研究提供直接或间接证据。在适当时期采集动物精巢,经过一系列处理,压片并镜检可以观察到动物生殖细胞减数分裂过程(图 3-9-1)。

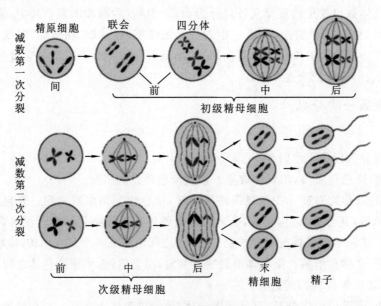

**图 3-9-1 动物精原细胞的减数分裂示意图**

## 三、实验材料、器材与试剂

### （一）实验材料

性成熟的小白鼠（$2n=2x=40$）；水稻蝗虫（雄虫 $2n=2x=23$ XO，雌虫 $2n=2x=24$ XX），雌虫个体长于雄虫，其腹部末端为产卵器，雄虫腹部末端为交尾器。

### （二）实验器材

光学显微镜、酒精灯、染色板、计时器、培养皿、镜头纸、白色绸布、载玻片、盖玻片、镊子、剪刀、解剖板、解剖刀、白瓷板、单面刀片、吸水纸、标签、铅笔、解剖针等。

### （三）实验试剂

100 $\mu$g/mL 秋水仙素溶液、2%柠檬酸钠溶液、甲醇-冰醋酸固定液（3∶1）、1 mol/L HCl 溶液、改良苯酚品红染液。

## 四、实验内容

### （一）小白鼠精巢染色体制片与观察

(1) 秋水仙素处理：在取睾丸前 4 h 左右向小白鼠腹腔注射 100 $\mu$g/mL 秋水仙素溶液 4 mL。

(2) 取精巢并固定：采用断颈法处死小白鼠，将其四肢固定于解剖板上，剖开腹腔取出睾丸，用 2%柠檬酸钠溶液洗净后，用甲醇-冰醋酸固定液（3∶1）固定 12 h 待用。

(3) 酸解：用剪刀剪开睾丸，再用镊子从中挑出细线状的精细管，洗净后放入白瓷板上，用 1 mol/L HCl 溶液酸解 3～5 min。

(4) 染色：将酸解好的材料放在染色板上，滴加改良苯酚品红染液染色 30 min。

(5) 压片：挑取 2～3 条已染色的精细管置于载玻片上，加 1 滴改良苯酚品红染液，盖上盖玻片，将一张适当大小的吸水纸覆盖于盖玻片上，吸去多余的染液，一手固定载玻片及盖玻片，另一手用解剖针垂直敲打盖玻片，并垂直用力压片一次，使细胞分散并处于同一水平面上。

(6) 镜检：使用光学显微镜观察减数分裂各时期的染色体形态、结构及数目等特征。

### （二）水稻蝗虫精巢染色体制片与观察

(1) 材料采集与预处理：在 8 月份采集雄性蝗虫，立即投入甲醇-冰醋酸固定液（3∶1）中固定 24 h，待用。

(2) 采集精巢：取出固定好的雄蝗虫，用剪刀剪去翅膀，沿背中线剪开体壁，用镊子取出位于第 2～3 背板下的精巢（褐色，左右各一个），置于白瓷板上，用水洗净，用吸水纸吸去多余的水分。

(3) 酸解：用镊子将精细管横切成两段，取较粗段（细胞分裂旺盛部位）置于白瓷板上，用 1 mol/L HCl 溶液酸解 3～5 min。

(4) 染色：用改良苯酚品红染液对酸解好的材料染色 20 min。

(5) 压片:同上述(一)中小白鼠的处理。

(6) 镜检:同上述(一)中小白鼠的处理。

### 五、思考题

(1) 绘制所观察到的减数分裂典型时期细胞染色体图像,并简要说明染色体的形态特征。

(2) 分析制片过程出现的问题及原因。

### 六、参考文献

[1] 刘祖洞,江绍慧. 遗传学实验[M]. 北京:高等教育出版社,1987.

[2] 季道藩. 遗传学实验[M]. 北京:中国农业出版社,1992.

[3] 余毓君. 遗传学实验技术[M]. 北京:中国农业出版社,1991.

[4] 帅素容. 普通遗传学实验教程[M]. 成都:四川科学技术出版社,2003.

(湖南文理学院　杨友伟)

# 实验十　人类 X 染色质体的观察

## 一、实验目的

(1) 初步掌握鉴别 X 染色质体的简易方法,识别其形态特征及所在部位。

(2) 了解异固缩现象,为进一步研究人体染色体的畸变与疾病提供参考。

## 二、实验原理

1949 年,加拿大学者 Barr 等在雌猫的神经元细胞核中首次发现了一个染色较深的浓缩小体,而在雄猫中则没有这种结构。进一步研究发现,除猫外,其他雌性哺乳动物(包括人类)也有这种显示性别差异的结构,而且不仅是神经元细胞,在其他细胞的分裂间期细胞核中也可以见到这一结构,称之为巴氏小体或 X 染色质体。

雌性哺乳动物含有一对 X 染色体,其中一条始终是常染色质,但另一条为在胚胎发育的第 16～18 天变为凝集状态的异染色质,该条凝集的 X 染色体在间期与正常的 X 染色体复制不同步,较正常的染色体早些或晚些固缩在核膜的内缘,其染色较深,具有这种固缩特性的染色体称为功能性异染色质或兼性异染色质。

正常女性的间期细胞核中紧贴核膜内缘有一个染色较深、大小约为 1 $\mu$m 的三角形或椭圆形小体,即 X 染色质体。间期细胞核内 X 染色质体的数目总是比 X 染色体的数目少 1。正常女性有两条 X 染色体,因此只有一个 X 染色质体;若有三条 X 染色体,就会有两个 X 染色质体,以此类推。正常男性只有一条 X 染色体,所以没有 X 染色质体。

雌性两性细胞中的两个 X 染色体中的一个发生异固缩(也称为 Lyon 化现象),失去活性,这样保证了雌雄两性细胞中都只有一条 X 染色体保持转录活性,使两性 X 连锁基因产物的量保持在相同水平上,这种效应称为 X 染色体的剂量补偿。

1961 年,Mary Lyon 提出了 X 染色体失活的假说,具体要点如下。

(1)雌性哺乳动物体细胞内仅有一条 X 染色体是有活性的,另一条 X 染色体在遗传上是失活的,在间期细胞核中螺旋化而异固缩为 X 染色质体。

(2)X 染色体的失活是随机的。异固缩的 X 染色体可以来自父方或母方。但是,一旦某一特定的细胞内的一条 X 染色体失活,那么由此细胞增殖的所有子代细胞也总是这一条 X 染色体失活,即原来是父源的 X 染色体失活,则其子女细胞中失活的 X 染色体也是父源的,因此失活虽是随机的,却是恒定的。

(3)X 染色体失活发生在胚胎早期,大约在妊娠的第 16 天。在此以前的所有细胞中的 X 染色体都是有活性的。

## 三、实验材料、器材与试剂

### (一)实验材料

女性口腔颊部上皮黏膜细胞和毛发根部细胞。

### (二)实验器材

显微镜、牙签、解剖针、载玻片、盖玻片、吸水纸等。

### (三)实验试剂

45％醋酸、改良苯酚品红染液。

## 四、实验内容

### (一)口腔颊部上皮黏膜细胞的观察

用灭菌的牙签从女性口腔两侧颊部刮取上皮黏膜细胞,涂布在干净的载玻片上。空气中自然干燥后,滴加 1～2 滴改良苯酚品红染液,在室温下染色 5～8 min,其间勿使染液干涸,再盖上盖玻片,并在上面覆盖合适大小的吸水纸,用手指轻度垂直加压,让细胞均匀铺满,即可进行镜检。

### (二)毛发根部细胞的观察

拔取女性一根带有毛根的头发,自基部截取 2 cm 左右,置于载玻片上。在毛根部加 1 滴 45％醋酸,解离 5 min,吸去多余的醋酸。再用解剖针剥下毛囊并捣碎,涂片,滴加 1～2 滴改良苯酚品红染液,染色 5～8 min,盖上盖玻片并放置一片吸水纸,用手指轻度垂直加压后镜检。

## 五、实验结果与分析

X 染色质体的形态表现为结构致密的浓染小体,轮廓清晰,大小约 1 μm,常附着于核膜边缘或靠内侧,其形状有三角形、卵形、短棒形等(图 3-10-1)。正常女性口腔黏膜细胞中 30％～50％有一个 X 染色质体。

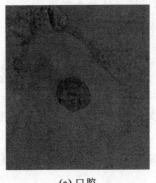 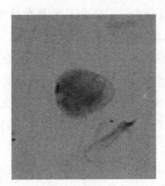

(a) 口腔            (b) 毛发

图 3-10-1   人类 X 染色质体图

## 六、注意事项

(1) 刮口腔上皮细胞前要漱口,洗去口腔中已经或即将脱落的上皮黏膜细胞。

(2) 第一次刮下的黏膜细胞应丢弃,再在原位重复刮一次涂片。

(3) 可数细胞的标准:细胞轮廓清楚、染色清晰,核大,核质呈均匀细网状,周围无杂质。

## 七、实验作业

(1) 观察男、女各 50 个可数细胞,计算显示 X 染色质体细胞所占的比例。

(2) 观察中选绘 4～5 个典型细胞,注明 X 染色质体的形态部位。

## 八、参考文献

[1] 杨大翔. 遗传学实验[M]. 北京:科学出版社,2004.

[2] 张文霞,戴灼华. 遗传学实习指导[M]. 北京:高等教育出版社,2007.

[3] 李雅轩,赵昕. 遗传学综合实验[M]. 北京:科学出版社,2006.

[4] 闫桂琴,王华峰. 遗传学实验教程[M]. 北京:科学出版社,2010.

(山西农业大学   刘少贞)

# 实验十一   哺乳动物染色体 G 带显带技术

## 一、实验目的

通过实验,初步掌握哺乳动物染色体 G 带显带技术。

## 二、实验原理

染色体显带技术始于 1968 年瑞典细胞学家 Caspersson 及其同事的开创性研究工作和 1970 年 Pardue 和 Gall 的原位杂交实验。Caspersson 及其同事利用人工合成的荧光染料芥子喹吖因(quinacrine mustard)对中期染色体进行染色,使不同染色体和同一染色体不同部位显示出特异性的荧光带纹;而 Pardue 和 Gall 在染色体显带中引入 Giemsa 染料,结果使染色体呈现清晰、特异的带纹。此后,染色体显带技术取得了突飞猛进的进展。截至目前,染色体显带技术因染色体预处理方式和染色方法不同可分为 G 带(Giemsa band)、C 带(constitutive heterochromatin band,组成性异染色质带)、R 带(reverse band,反带)、Q 带(quinacrine band)、N 带(NOR-band,核仁组织者区带)、T 带(telomere band,端粒带)等技术。

G 带是将未染色的中期染色体经热盐溶液、蛋白水解酶(或尿素)和去垢剂处理,用 Giemsa 染料染色后,使染色体呈现特异性带纹的显带技术。其中,蛋白水解酶法因操作简单而被广泛应用。有关 G 带形成的机理,有很多假说,可归纳如下:①强调染色体上蛋白质的构象和组分对 G 带的作用。早期研究认为,在 G 带的前处理过程中,可能有染色体结构中的某些化学键断裂,导致染色体构象改变,从而使染料对不同结构的亲和力不同。然而,后来的研究提出,G 带用蛋白水解酶处理,使带区间蛋白质丢失而带区内蛋白质仍保留,非酸溶性非组蛋白的不均匀丢失可能是 G 带形成的原因。②强调 DNA 含量及碱基成分的作用。Sanchez 等(1974)通过原位杂交实验指出,在染色体中存在的重复 DNA 序列可能与 G 带相关,后来有研究者指出染色体上 DNA 的含量及浓缩程度会影响 G 带带纹。③强调染色剂本身的作用。有关 Giemsa 的噻嗪染料与 DNA 和染色质相互作用的研究指出,带正电的噻嗪染料与 DNA 的磷酸基团侧面相结合,这种染料与蛋白质结合不显著。也就是说,蛋白质覆盖 DNA 磷酸基团的差异程度将决定染料的结合程度,从而影响 G 带带纹形成。

目前,染色体带型的形成比较倾向于多因素决定论,即主要取决于 DNA、核酸结合蛋白及染料三者的相互作用,主要是指 DNA 的碱基组成及其与结合蛋白形成的特定结构对染料分子的作用。

获得 G 带的方法可分为胰酶法(GTG)、热盐溶液法(ASG)、尿素法和去垢剂法等,目前在哺乳动物 G 带显带技术研究中,常采用胰酶法和热盐溶液法,本实验将重点学习胰酶法和热盐溶液法(图 3-11-1)的 G 带显带技术。

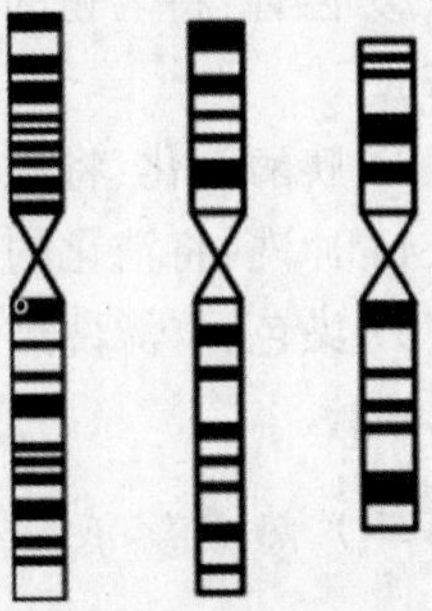

1号　　2号　　3号

图 3-11-1　染色体 G 带模式图

## 三、实验材料、器材与试剂

### (一)实验材料

未经染色的动物中期染色体标本(小型哺乳动物可采用骨髓细胞法,大型哺乳动物可采用外周血淋巴细胞培养法制备染色体标本)。

### (二)实验器材

光学显微镜、恒温水浴锅、恒温培养箱、载玻片、盖玻片、染色缸、载玻片架和切片盒等。

### （三）实验试剂

**1. 胰酶法主要试剂**

(1) ICN 溶液(pH 6.8)：称取 NaCl 0.8 g、KCl 0.2 g、$Na_2HPO_4 \cdot 12H_2O$ 0.3 g、$KH_2PO_4$ 0.2 g，溶于 100 mL 蒸馏水中备用。

(2) 工作用磷酸盐缓冲液(pH 6.8)：称取 $KH_2PO_4$ 9.078 g，溶于 1000 mL 蒸馏水中制成 A 液；称取 $Na_2HPO_4 \cdot 12H_2O$ 11.876 g 或 $Na_2HPO_4$ 9.465 g，溶于 1000 mL 蒸馏水中制成 B 液。工作用磷酸盐缓冲液由 A 液和 B 液以体积比 1：1 组成，现用现配。

(3) 0.25% 胰酶溶液：0.25 g 胰酶溶于 100 mL ICN 溶液中。

(4) Giemsa 染液(pH 6.8)：Giemsa 原液与工作用磷酸盐缓冲液(pH 6.8)以体积比 1：20 进行混合、稀释。

**2. 热盐溶液法主要试剂**

(1) 2×SSC 溶液：称取柠檬酸钠($Na_3C_6H_5O_7$)8.82 g、NaCl 17.52 g，溶于 1000 mL 蒸馏水中即可。

(2) Giemsa 染液(pH 6.8)：Giemsa 原液与工作用磷酸盐缓冲液(pH 6.8)以体积比 1：20 进行混合、稀释。

## 四、实验内容

### （一）胰酶法显带步骤

(1) 标本老化：选择片龄 2～15 天的标本，置于 75 ℃恒温培养箱中保温 2～5 天，取出后置于 37 ℃恒温培养箱保温 2 天。

(2) 温育：将老化的标本置于预热(56 ℃)的工作用磷酸盐缓冲液(pH 6.8)中温育 5～10 min。

(3) 胰酶消化：将温育的标本置于预热(37 ℃)的 0.25% 胰酶溶液中消化 20～60 s。

(4) 冲洗：将消化的标本取出后尽快地在工作用磷酸盐缓冲液(pH 6.8)中漂洗数秒。

(5) 染色：将漂洗后的标本置于 Giemsa 染液中染色 5～10 min，流水冲洗，在空气中自然干燥，镜检。

### （二）热盐溶液法显带步骤

(1) 热盐溶液处理：染色体标本在 60 ℃的 2×SSC 溶液中处理 1 h，蒸馏水漂洗数秒。

(2) 染色：漂洗后的标本置于 Giemsa 染液中染色 0.5～1 h，流水冲洗，在空气中自然干燥，镜检。

## 五、实验结果与分析

(1) 通过 G 带带型识别同源染色体和性染色体，利用显微照片剪贴方式或图片处理软件排列 G 带核型图。

(2) 统计各染色体 G 带阳性条带数并填写表 3-11-1。

(3) 绘制模式图。

表 3-11-1　染色体 G 带阳性条带数

| 染色体号 | 条 带 数 | | |
|---|---|---|---|
| | 短臂阳性条带数($p$) | 长臂阳性条带数($q$) | 总计($p+q$) |
| | | | |
| | | | |

## 六、注意事项

### 1. 胰酶法显带

(1) 胰酶处理时间：依照标本的新鲜程度可进行适当调整，胰酶处理是染色体 G 带显带的关键。一般而言，片龄越长的标本，其染色体上的蛋白质对胰酶越不敏感，因此，随着片龄增加，应适当延长胰酶处理时间。

(2) 胰酶活性对 G 带显带的影响：胰酶工作液随着存放时间的延长和处理标本的增加，其活性将显著下降，因此，胰酶工作液应现用现配，或随着处理标本数的增加适当延长消化时间。

(3) Giemsa 染色不理想：染色时间要适中。染色时间太短，着色不够，深、浅带反差小；染色时间过长，着色太深，亦影响带纹反差，不利于镜检。

### 2. 热盐溶液法显带

热盐溶液法显带不理想，可能与 SSC 溶液处理有关，可适当延长 SSC 溶液处理时间，或在 SSC 溶液处理前先用 0.01 mol/L NaOH 溶液处理 5～30 s。

## 七、思考题

查阅 Q 带和 R 带的显带机制和方法，比较 G 带与 Q 带和 R 带的异同。

## 八、参考文献

[1] Saravana Kumar P, Vasuki S. An efficient algorithm for automatic classification and centromere detection in G-band human chromosome image using band distance feature[J]. Journal of Intelligent & Fuzzy Systems, 2021, 40(6): 11463-11474.

[2] 谢晓贞, 陈颖, 杜涛, 等. 外周血淋巴细胞染色体 G 显带制备方案优化研究[J]. 检验医学与临床, 2021, 18(10): 1452-1454.

[3] 郭莉, 何轶群, 钟银环, 等. 改良高分辨 G 显带技术在复杂染色体重排携带者中的应用[J]. 热带医学杂志, 2019, 19(5): 591-595.

[4] 翟中和, 王喜中, 丁孝明. 细胞生物学[M]. 4 版. 北京: 高等教育出版社, 2011.

[5] Pardue M L, Gall J G. Chromosomal localization of mouse satellite DNA[J]. Science, 1970, 168(3937): 1356-1358.

[6] Sanchez O, Yunis J J. The relationship between repetitive DNA and chromosomal bands in man[J]. Chromosoma, 1974, 48(2): 191-202.

（湖南文理学院　张运生）

# 实验十二　鱼类染色体的制备

## 一、实验目的

(1) 掌握鱼类染色体制备的原理和方法。
(2) 了解鱼染色体的数目及特点。

## 二、实验原理

真核细胞中的染色体数目和结构是物种重要的遗传标志之一。不同物种细胞中染色体的数量、大小和形态结构(包括染色体的长度、臂比、着丝粒位置,有无随体等)不同,因此染色体研究对认识和了解生物遗传组成、遗传变异规律、物种起源、进化及种族关系具有重要的科学意义。

通过注射化学试剂植物性血凝集素(PHA)提高鱼类头肾组织细胞的分裂指数,使用化学试剂(秋水仙素)破坏纺锤体,使分裂的细胞处于有丝分裂中期,染色体破膜后平铺在玻片上,便于计数和观察。

## 三、实验材料、器材与试剂

### (一) 实验材料

黄颡鱼、鲫鱼、草鱼等。

### (二) 实验器材

显微镜、剪刀、镊子、解剖针、载玻片、盖玻片、注射器、吸水纸、离心机、吸管、培养皿、酒精灯、冰箱等。

### (三) 实验试剂

(1) 0.8%生理盐水:将 8 g NaCl 溶于 1000 mL 蒸馏水,4 ℃存放。

(2) PHA 溶液:将 100 mg PHA 溶于 20 mL 灭菌生理盐水,得到 5 mg/mL 注射液,4 ℃存放。

(3) 秋水仙素溶液:将 10 mg 秋水仙素溶于 10 mL 灭菌生理盐水,得到 1 mg/mL 注射液,4 ℃存放。

(4) 0.075 mol/L KCl 溶液:将 5.59 g KCl 溶于 1000 mL 蒸馏水,4 ℃存放。

(5) 卡诺固定液:甲醇与冰醋酸按体积比 3∶1 混合,现配现用,充分混匀。

(6) Giemsa 染液:按 1 mL Giemsa 母液加 7 mL 磷酸缓冲液(pH 6.8)稀释后用。

(7) 滴片固定液:甲醇与冰醋酸按体积比 2∶1 混合,现配现用。

## 四、实验内容

### 1. 实验前准备

按 0.002 mL/g(鱼体重)在鱼胸鳍基部往腹腔注射 PHA 溶液。间隔 12 h 后,按 0.0016

mL/g(鱼体重)再次给鱼腹腔注射 PHA 溶液。4.5 h 后,按 0.002 mL/g(鱼体重)给鱼腹腔注射秋水仙素溶液。

### 2. 取材

注射秋水仙素溶液 1.5～2 h 后,剪断鱼的鳃血管,让鱼水中失血 10 min。解剖,取头肾组织,放入盛有生理盐水(0.8％ NaCl 溶液)的培养皿中清洗 2～3 遍,剔除脂肪组织和血块,然后再转入盛有少量生理盐水的培养皿中,用小剪刀将头肾组织剪碎至糊状。用吸管将其转入 10 mL 离心管(约 5 mL),用吸管充分吹打(100 次以上),再加入生理盐水至 10 mL,混合均匀。静置 5 min 后,吸取上层细胞悬液至另一 10 mL 离心管,1000 r/min 离心 10 min,去上清液。

### 3. 低渗

往上述离心后的细胞沉淀中加入 5 mL 0.075 mol/L KCl 溶液,吹打混匀,再加入 KCl 溶液至 10 mL,25 ℃左右低渗 50 min,1000 r/min 离心 10 min,去上清液。

### 4. 固定

往上述离心后的细胞沉淀中加入卡诺固定液(现配现用)10 mL,固定 50 min。1000 r/min 离心 10 min,去上清液后再固定 1 次,时间约 20 min。1000 r/min 离心 10 min 后,根据离心管中细胞量的多少留 1～2 mL 上清液。

### 5. 滴片

往上述离心后的细胞沉淀中加入 1～2 mL 滴片固定液(甲醇、冰醋酸的体积比为 2∶1,现配现用)。取干净冷冻载玻片,吸取细胞悬液,在载玻片上加 1～2 滴,酒精灯上干燥。

### 6. 染色

将载玻片平放,有细胞面向上,滴数毫升 Giemsa 染液(临用时配制)铺满整个载玻片,室温下染色 60 min 后,吸去染液,用蒸馏水小心冲洗,晾干。

### 7. 镜检

将制备好的染色体玻片标本置于显微镜上观察并拍片。图 3-12-1 所示为瓦氏黄颡鱼头肾组织中期细胞染色体分裂相。

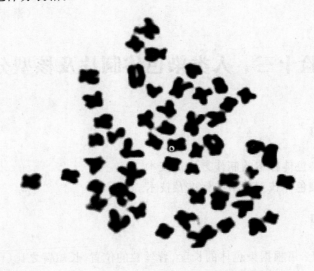

图 3-12-1　瓦氏黄颡鱼头肾组织细胞中期细胞染色体分裂相

## 五、实验结果与分析

在做好的临时装片中,筛选形态好、分散适中的3~5个中期细胞染色体分裂相,确定鱼染色体数并描述其特点。

## 六、注意事项

(1) PHA:注射2次,每次至少8 μg/g(鱼体重),中间相隔约12 h。第二次注射后4~5 h注射秋水仙素溶液,然后约1.5 h取材,取材时剪鳃放血约10 min。

(2) 低渗50~60 min。固定液要现用现配,用于滴片时的固定液为甲醇 冰醋酸(2:1),隔几小时或过夜后滴片效果较好。

(3) 低渗和固定过程中,注意每间隔几分钟将细胞混匀,使之呈悬浮状。固定后的细胞悬液要小心混匀,因为此时的染色体很容易散开。

(4) 用酒精灯烤片时,注意操作以防烤焦。染液和固定液临用时配制较好。

## 七、思考题

比较动物染色体和植物染色体制备方法的异同点。

## 八、参考文献

[1]黎玉元,孙念,李伟,等.鱼类染色体制备方法概述[J].湖南饲料,2013,1(4):28-30.

[2]吴彪,杨爱国,周丽青,等.几种鱼类染色体制备方法的比较[J].安徽农业科学,2012,40(12):7168-7170.

[3]王玉生,李雅娟,李佳奇,等.3种鱼类的单个胚胎染色体标本制备方法[J].安徽农业科学,2013,41(23):9832-9840.

(湖南文理学院　张运生)

# 实验十三　人类染色体制片及核型分析

## 一、实验目的

(1) 掌握人类染色体标本的制作方法及技术。
(2) 掌握人类染色体核型分析的标准及技术。

## 二、实验原理

在细胞遗传学上,可根据染色体的长度、着丝粒的位置、长短臂之比(臂比)、随体的有无等特征对染色体予以分类和编号,这种对生物细胞核内全部染色体的形态特征所进行的分析,称为核型分析(或组型分析)。

人类染色体研究开展较早,在 Denver 的染色体命名会议上,把人类 46 条染色体分为七个群,确定了人类染色体核型分析的国际标准——Denver 命名标准。由于染色体是基因的载体,核型代表了种属的特征,因此染色体核型分析对于探讨生物起源、物种间亲缘关系以及远缘杂种鉴定等方面具有极为重要的意义。

用于人类染色体标本的制作材料可分为骨髓细胞、外周血淋巴细胞、绒毛细胞、羊水细胞等。正常情况下,人体外周血淋巴细胞不再分裂,但植物血凝素(PHA)可刺激血中的淋巴细胞转化成淋巴母细胞,使其恢复增殖能力。因此,可采集少量的人的外周静脉血进行短期培养,培养 72 h,细胞进入增殖旺盛期,此时加入秋水仙素可抑制细胞分裂,使细胞分裂停止在有丝分裂的中期以获得足够量的分裂期细胞,经低渗、固定、制片、镜检等步骤进行核型分析。非显带人体染色体核型分析参见图 3-13-1。

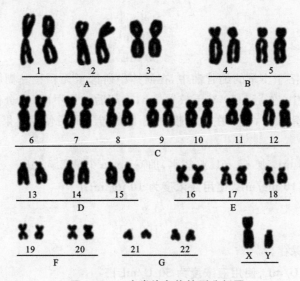

**图 3-13-1　人类染色体核型分析图**

## 三、实验材料、器材与试剂

### (一)实验材料

采集人的外周静脉血备用。

### (二)实验器材

采血器具、超净工作台、培养瓶、恒温培养箱、恒温水浴锅、10 mL 刻度离心管、低速离心机、量筒、载玻片、托盘天平、光学显微镜、染色缸、电吹风、酒精灯、剪刀、胶水等。

### (三)实验试剂

RPMI 1640 培养液、肝素、10 mg/mL 秋水仙素溶液、0.075 mol/L 氯化钾低渗液、0.85% 生理盐水、甲醇-冰醋酸固定液(3:1,现配)、Giemsa 染液、0.01 mol/L 磷酸盐缓冲液等。

部分溶液配制方法如下。

**1. RPMI 1640 培养液**

RPMI 1640 ⋯⋯⋯⋯⋯⋯⋯⋯⋯⋯⋯⋯⋯⋯⋯⋯⋯⋯⋯⋯⋯⋯ 10.4 g

| 肝素 | 80 mg |
|---|---|
| PHA | 182 mg |
| 胎牛血清 | 100 mL |
| 抗生素 | $8 \times 10^4$ U |
| NaHCO$_3$ | 2 g |

加双蒸水定容至 1000 mL,抽滤除菌,分装,于 −20 ℃保存待用。

**2. 0.075 mol/L 氯化钾低渗液**

| KCl | 2.794 g |
|---|---|
| 三蒸水 | 500 mL |

**3. Giemsa 染液(储存液)**

| Giemsa | 5 g |
|---|---|
| 纯甘油(AR) | 330 mL |
| 甲醇(AR) | 33 mL |

先将 Giemsa 粉剂溶于少量的纯甘油中,在研钵中研磨至无颗粒黏糊状,再将剩余纯甘油加入,然后转移至烧杯中,在 55～60 ℃下放置 2 h,冷却后加入甲醇,充分搅拌均匀,在室温放置 2～3 周后过滤除去絮状物,储存在棕色瓶中,一般放置 3 周后使用效果更好。

**4. 染液使用液**

磷酸盐缓冲液 2.5 mL,加 45 mL 双蒸水,加 Giemsa 染液 2.5 mL。

**5. 秋水仙素溶液(10 mg/mL,使用液浓度为 10 μg/mL)**

| 秋水仙素 | 1 g |
|---|---|
| 生理盐水 | 100 mL |

抽滤,4 ℃棕色瓶保存。

**6. 肝素溶液(500 U/mL,使用液浓度为 50 U/mL)**

| 肝素 | 100 mg |
|---|---|
| 生理盐水 | 28 mL |

高压灭菌。

## 四、实验内容

### (一)采血

利用采血器具采集人的外周静脉血 1 mL,迅速与适量肝素混匀。

### (二)培养

在超净工作台内将抗凝血加入 RPMI 1640 培养液中(每个培养瓶加 0.3～0.5 mL 全血),温和混匀。于 37 ℃恒温静置培养 72 h(每 24 h 轻摇一次培养瓶以混匀血细胞)。终止培养前 2～4 h,每瓶加 10 μg/mL 秋水仙素溶液至终浓度为 0.1～0.2 μg/mL,温和混匀,继续培养 2～4 h,终止培养,将培养物吹打混匀后转移到 10 mL 刻度离心管中,1800 r/min 离心 6 min。

### (三)低渗处理

弃去上清液,加入已预热至 37 ℃的 0.075 mol/L 氯化钾低渗液 8 mL,轻轻吹打混匀,于

37 ℃处理 20 min。

### （四）离心

加入 1 mL 现配的甲醇-冰醋酸固定液(3∶1)温和混匀,1800 r/min 离心 6 min。

### （五）固定

弃去上清液,加入现配的甲醇-冰醋酸固定液（3∶1）8 mL,温和混匀后室温静置处理 20 min;重复此步骤一次,弃去上清液,加入适量现配的甲醇-冰醋酸固定液(3∶1),温和混匀,制成磨砂状悬浮液。

### （六）制片

吸取少量细胞悬浮液,滴 2～3 滴于冰水预冷过的载玻片上,用吹风球吹散,玻片成 45°角放置,在空气中自然干燥或用电吹风温和吹干。

### （七）染色

将标本置于 Giemsa 染液中,染色 8 min,立即用水清洗,在空气中自然干燥或用电吹风温和吹干。不要形成染液氧化膜,如有氧化膜形成,则用磷酸盐缓冲液冲洗。

### （八）镜检

在光学显微镜下观察染色体标本分裂相的多少及分散情况,选取好的分散相进行拍照保存。

### （九）核型分析

**1. 测量**

对拍照保存的标本染色体的长臂、短臂长度进行测量,计算染色体的绝对长度或相对长度并填入表 3-13-1,写出染色体形态类型,具有随体的染色体用 * 标出。

表 3-13-1　染色体核型分析数据参数

| 染色体编号 | 绝对长度/μm | 相对长度/(%) | 长臂/μm | 短臂/μm | 臂比 | 染色体形态类型 |
|---|---|---|---|---|---|---|
| 1 | | | | | | |
| 2 | | | | | | |
| ⋮ | | | | | | |

有关计算公式如下:

$$绝对长度 = \frac{某染色体（或臂）的照相长度}{放大倍数}$$

$$相对长度 = \frac{某染色体（或臂）绝对长度}{染色体组内全部染色体的总长度} \times 100\%$$

$$臂比 = \frac{长臂长度}{短臂长度}$$

染色体形态类型见表 2-13-1。

**2. 染色体配对、排序**

将 46 条人类染色体配对并分类为七个群。根据染色体的形态、大小、着丝粒的位置、臂比及随体有无将染色体分为如下七组。

A 组染色体:包括 1～3 号染色体。长度最长,1 号和 3 号染色体为中着丝粒染色体,2 号染色体为亚中着丝粒染色体。

B 组染色体:包括 4～5 号染色体,长度次于 A 组,为亚中着丝粒染色体,短臂较短。

C 组染色体:包括 6～12 号和 X 染色体,中等长度,为亚中着丝粒染色体。

D 组染色体:包括 13～15 号染色体,具有近端着丝粒染色体和随体。

E 组染色体:包括 16～18 号染色体,16 号染色体着丝粒在 3/8 处,17 号和 18 号染色体着丝粒约在 1/4 处。

F 组染色体:包括 19 号和 20 号染色体,为中着丝粒染色体。

G 组染色体:包括 21 号、22 号和 Y 染色体,是染色体组中最小的,为亚端着丝粒染色体,21 号和 22 号染色体具有随体。

**3. 绘图**

将配对、排序好的染色体核型,绘成染色体核型模式图。

## 五、注意事项

(1) 注意染色体前期处理方法,避免影响标本质量。

① 秋水仙素处理不当,如秋水仙素的浓度不够或处理时间不足,会导致分裂相太少;如浓度过高或处理时间过长,则使染色体过于缩短,难以进行分析。

② 低渗处理不当,如低渗处理时间过长,细胞膜往往过早破裂,染色体丢失;如低渗处理时间不够,则染色体分散不佳,难以进行计数分析。

③ 离心速度不合适,如收集细胞时离心的速度太低,易丢失细胞;如低渗处理后离心速度过高,往往使分裂相过早破裂,完整的分裂相减少。

④ 标本固定不充分,如固定液不新鲜,或甲醇、冰醋酸的质量不佳,结果导致染色体模糊,或残留胞浆痕迹,使背景不清。

⑤ 玻片去污不彻底,冷冻不够,使细胞悬浮液不能均匀附着以致细胞大量丢失,或染色体分散不佳。

(2) 注意核型分析时的精确度问题。

## 六、思考题

(1) 交一张分散良好、分裂相多的中期染色体照片,并交一份核型分析报告。

(2) 分析影响培养结果的关键因素。

## 七、参考文献

[1] 王子淑. 人体及动物细胞遗传学实验技术[M]. 成都:四川大学出版社,1987.

[2] 周焕庚,夏家辉,张思仲. 人类染色体[M]. 北京:科学出版社,1987.

[3] 熊大胜. 现代生物学实验[M]. 长沙:中南大学出版社,2005.

(湖南文理学院　杨友伟)

# 实验十四　果蝇性状观察与雌雄鉴别

## 一、实验目的

(1) 掌握果蝇的基本特征及鉴别雌雄果蝇的方法。

(2) 了解果蝇生活周期特征及各阶段的形态变化。

(3) 了解野生型与各种突变体在形态上的差异。

## 二、实验原理

果蝇是比较常见的昆虫,属于昆虫纲双翅目果蝇科果蝇属($Drosophila$),有 3000 多种,我国已发现 800 多种。大部分的物种以腐烂的水果或植物体为食,少部分以真菌、树液或花粉为食。果蝇作为一种遗传学研究的材料,已有百年,果蝇对遗传学的发展具有不可磨灭的贡献。通常用作遗传学实验材料的是黑腹果蝇($Drosophila\ melanogaster$),其优点如下。

(1) 容易饲养。在常温下,以玉米粉等作为食料即可生长、繁殖。

(2) 生长迅速。12 天左右即可繁殖一个世代,每个受精的雌蝇可产卵 400～500 个,因此在短时间内就可获得大量的子代,便于遗传学分析。

(3) 染色体数目少,只有 4 对,便于染色体结构的观察。

(4) 突变性状多,而且多数是形态突变,便于观察。

## 三、实验材料、器材与试剂

### (一) 实验材料

野生型黑腹果蝇、几种常见的突变型果蝇。

### (二) 实验器材

琼脂、麻醉瓶、镊子、白瓷板、毛笔、吸水纸、培养瓶、棉球、放大镜、灭菌锅等。

### (三) 实验试剂

乙醚等。

## 四、实验内容

### (一) 果蝇生活史的观察

果蝇的生活周期长短与温度密切相关(表 3-14-1)。一般来说,30 ℃以上能使果蝇不育或死亡,低温则使其生活周期延长。饲养果蝇的最适温度为 20～25 ℃。

表 3-14-1　生活周期长短与温度的关系

| 温度/℃ | | 10 | 15 | 20 | 25 |
|---|---|---|---|---|---|
| 周期/天 | 卵→幼虫 | 57 | 18 | 8 | 5 |
| | 幼虫→成虫 | 57 | 18 | 6 | 4 |

果蝇具完全变态,其生活史要经过卵、幼虫、蛹、成虫四个阶段。

(1) 卵:果蝇的卵长约 0.5 mm,白色,呈椭圆形,腹部稍扁平,在背面的前端伸出一对触丝,它能使卵附着在培养基上。

(2) 幼虫:卵经过 24 h 就可以孵化成幼虫,幼虫经两次蜕皮,由一龄幼虫发育为三龄幼虫。三龄幼虫体长 4～5 mm。头部稍尖,上有一黑色钩状口器。

(3) 蛹:幼虫经过 6 天左右准备化蛹,化蛹前三龄幼虫停止摄食,爬出附在培养瓶壁上,逐渐形成一个梭形的蛹,起初颜色淡黄、柔软,以后逐渐硬化,变为深褐色,说明即将羽化。

(4) 成虫:刚从蛹壳羽化出的果蝇,虫体较大,翅尚未展开,体表也未完全几丁质化,所以呈半透明状的乳白色。不久蝇体变为粗短椭圆形,双翅伸展,体色加深。成虫羽化后 8 h 即可交配。交配后精子可以在雌蝇的受精囊中储存一段时间,然后逐渐释放到输卵管中。因此在杂交实验中母本必须选用未交配的处女蝇。

果蝇在 25 ℃时,从卵到成虫需 10 天左右,成虫可活 26～33 天。果蝇的生活史如图 3-14-1所示。

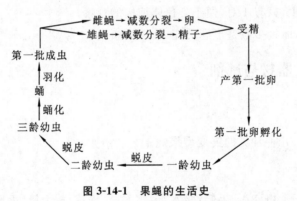

图 3-14-1　果蝇的生活史

## (二) 果蝇的麻醉

对果蝇进行检查时,用乙醚麻醉,使果蝇处于昏迷状态。使用时将乙醚(2～3 滴)滴到麻醉瓶的棉球上(注意不要让乙醚流进瓶内),麻醉瓶要保持干燥,否则会粘住果蝇翅膀,影响观察。麻醉果蝇时,先在海绵垫上敲击培养瓶,使果蝇全部震落在培养瓶底部,然后迅速打开培养瓶的棉塞,把果蝇倒入麻醉瓶中,并立即盖好麻醉瓶。待果蝇全部昏迷后,倒在白瓷板上进行观察。

果蝇的麻醉程度依实验要求而定,对仍需培养的果蝇,以轻度麻醉为宜。但对不需再培养,只是进行性状观察的果蝇,可以深度麻醉,甚至致死(果蝇翅膀外展 45°,说明死亡)。

## （三）果蝇雌雄鉴别

果蝇的体细胞中有 4 对染色体($2n=8$)，其中 3 对在雌雄果蝇体内是一样的，称为常染色体。另外一对为性染色体，在雌果蝇中是 XX，在雄蝇中是 XY。

雌雄果蝇在幼虫期较难区别，但到了成虫期则较易区分。雄蝇个体一般较雌蝇个体小，腹部环纹 5 条，腹尖色深，第一对脚的跗节前端表面有黑色鬃毛流苏，称为性梳。雌蝇环纹 7 条，腹尖色浅，无性梳（表 3-14-2、图 3-14-2）。

表 3-14-2 雌雄果蝇的主要区别

| 种 类 | 雌 蝇 | 雄 蝇 |
|---|---|---|
| 体型 | 较大 | 较小 |
| 腹部 | 腹部宽厚呈卵圆状，腹端稍尖 | 腹部相对窄小呈柱状，腹部呈钝圆形 |
| 环纹 | 腹部背面有 5 条黑色环纹 | 腹部只能看到 3 条环纹，上面两条窄，后一条宽且延伸至腹面，呈明显黑斑 |
| 性梳 | 无 | 有 |

(a) 雄蝇　　　　　(b) 雌蝇

图 3-14-2 雌雄果蝇外形图

## （四）果蝇突变类型的观察

果蝇的突变性状很多，达 400 余种，果蝇的许多突变都是明显而稳定的，并且大多数形态变异，容易观察。

实验中选用的果蝇突变性状一般可用肉眼鉴定，如红眼与白眼、正常翅与残翅等。而另一些性状可在解剖镜下鉴定，如焦刚毛与直刚毛等（表 3-14-3）。

表 3-14-3 果蝇常见突变性状

| 影 响 部 位 | 突 变 名 称 | 基 因 符 号 |
|---|---|---|
| 翅 | 残翅 | vg |
| 眼色 | 白眼 | w |
| 体色 | 黑檀体 | b |
| 刚毛 | 焦刚毛 | sn |
| 翅形 | 小翅 | m |

## 附注：

### （一）果蝇饲料的配制

果蝇以酵母菌作为主要食料，因此实验室内凡能发酵的基质，都可用作果蝇的饲料。常用的饲料有玉米饲料、米粉饲料、香蕉饲料等（表 3-14-4）。

表 3-14-4  果蝇饲料的几种配方

| 成分及计量单位 | 玉米饲料 | 米粉饲料 | 香蕉饲料 |
| --- | --- | --- | --- |
| 水/mL | 165 | 170 | 50 |
| 琼脂/g | 1.5 | 2 | 1.6 |
| 蔗糖/g | 13 | 10 | — |
| 香蕉/g | — | — | 50 |
| 玉米粉/g | 17 | — | — |
| 米粉/g | — | 8 | — |
| 麸皮/g | — | 8 | — |
| 酵母粉/g | 1.4 | 1.4 | 1.4 |
| 丙酸/mL | 1 | 1 | 0.5～1 |

1. 玉米饲料

（1）取加水量的一半，加入琼脂，煮沸，充分溶解，加蔗糖，煮沸溶解。

（2）取另一半水混合玉米粉，加热，调成糊状。

（3）将上述两者混合，煮沸。以上操作均要搅拌，以免沉积物烧焦。

（4）待稍冷后加入酵母粉及丙酸，充分调匀，分装。按表 3-14-4 用量进行配制，可得饲料 200 mL 左右。

2. 米粉饲料

方法与玉米饲料基本相同，其中用米粉、麸皮代替玉米粉。

3. 香蕉饲料

（1）将熟透的香蕉捣碎，制成香蕉浆。

（2）将琼脂加到水中煮沸，充分溶解。

（3）将琼脂溶液加入香蕉浆中，煮沸。

（4）待稍冷后加入酵母粉及丙酸，充分调匀，分装。

丙酸的作用是抑制霉菌污染，用量参照表 3-14-4，每 200 mL 饲料加丙酸 1 mL 左右。如无酵母粉，也可用酵母液代替，但用法不同，酵母液应在饲料分装到培养瓶以后再加入，每瓶加数滴。

### （二）培养瓶

果蝇培养所用的培养瓶可用锥形瓶，或大、中型指形管，用海绵或纱布所包的棉球作瓶塞。实验室中保存原种以及杂交实验以中型指形管为宜。培养瓶用前要消毒，再装饲料（每瓶 2 cm 厚即可），待饲料冷却后，用酒精棉球擦拭培养瓶的内壁，然后插入消毒过的吸水纸，作为幼虫化蛹时的干燥场所。

## 五、思考题

(1) 列举果蝇在生命科学中应用的具体实例。

(2) 什么是模式生物？请举出几种模式生物,并选取一种(除了果蝇),介绍其在国内外的最新研究进展。

## 六、参考文献

[1] 张贵友,吴琼,林琳. 普通遗传学实验指导[M].北京:清华大学出版社,2003.

[2] 王建波,方呈祥,鄢慧民,等.遗传学实验教程[M].武汉:武汉大学出版社,2004.

[3] 卢龙斗,常重杰.遗传学实验技术[M].北京:科学出版社,2007.

(西北民族大学　郭晓农)

# 实验十五　果蝇唾腺染色体标本的制作和观察

## 一、实验目的

(1) 掌握分离果蝇幼虫唾腺的技术,学习唾腺染色体标本的制作方法。

(2) 观察、了解果蝇唾腺染色体的形态学及遗传学特征。

## 二、实验原理

20 世纪初,D. Kostoff 用压片法首次在黑腹果蝇幼虫的唾腺细胞核中发现特别巨大的染色体——唾腺染色体(salivary gland chromosome)。事实上,双翅目昆虫(如摇蚊、果蝇等)的幼虫期都具有很大的唾腺细胞,其中的染色体就是巨大的唾腺染色体。这些巨大的唾腺染色体具有许多重要特征,为遗传学研究的许多方面(如染色体结构、化学组成、基因差别表达等)提供了独特的研究材料。

双翅目昆虫的整个消化道细胞发育到一定阶段之后就不再进行有丝分裂,而停止在分裂间期,但随着幼虫整体器官(图 3-15-1)以及这些细胞本身体积的增大,细胞核中的染色体,尤其是果蝇的唾腺染色体不断地进行自我复制而染色单体并不分开,经过上千次的复制形成几千条染色体,合起来达 5 $\mu m$ 宽,400 $\mu m$ 长,比普通中期相染色体大得多(100~150 倍),所以又称为多线染色体(polytene chromosome)和巨大染色体(giant chromosome)(图 3-15-2)。

唾腺染色体形成的初期,其同源染色体即处于紧密配对状态,这种状态称为体细胞联会。在以后不断的复制中仍不分开,由此成千上万条核蛋白纤维丝合在一起,紧密盘绕,所以配对的染色体只呈现单倍数。当唾腺染色体形成时,染色体着丝粒和近着丝粒的异染色质区聚在一起,形成染色中心(chromocenter),所以在光学显微镜下可见从染色体中心处伸出的染色体臂。

由于唾腺细胞在果蝇幼虫时期一直处于细胞分裂的间期状态,因此每条核蛋白纤维丝都处于伸展状态,不同于一般有丝分裂中期高度螺旋化的染色体。唾腺染色体经染色后,呈现深浅不同、疏密各异的带(band)。这些带的数目、位置、宽窄及排列顺序都具有种特异性。研究

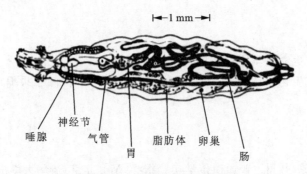

图 3-15-1　果蝇幼虫解剖结构

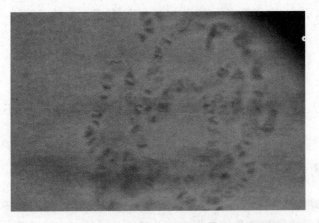

图 3-15-2　采用改良苯酚品红染色法得到的果蝇唾腺染色体

认为,这些带与染色体上的基因有一定关系,而一旦染色体上发生缺失、重复、倒位和易位等,也较容易在唾腺染色体上识别出来。可见,唾腺染色体制作技术是遗传学研究中一项基本的技术。

## 三、实验材料、器材与试剂

### (一)实验材料

*D. virilis* 果蝇三龄幼虫。

### (二)实验器材

双筒解剖镜、显微镜、镊子、解剖针、载玻片、盖玻片、刀片、培养瓶、滤纸等。

### (三)实验试剂

改良苯酚品红染液、酵母液、生理盐水、1 mol/L HCl 溶液等。

## 四、实验内容

### (一)三龄幼虫的饲养

果蝇容易饲养,也容易获得唾腺。但为获得理想的染色体标本,需要采用生长良好、形体肥大的三龄幼虫,以保证唾腺发育良好。所以饲养条件稍有别于一般杂交饲养,主要要求如下。

(1) 饲料要求松软,含水量较高,营养丰富,发酵良好。

(2) 在接种出现一龄幼虫后,将成虫移去,在饲料表面滴加低浓度的酵母液(2%～4.5%的水溶液),每天滴加 1～2 滴。二至三龄幼虫应适当增加酵母液浓度(10%左右),滴加量以覆盖饲料表面一薄层为宜。

(3) 饲料营养对幼虫的发育固然重要,但幼虫密度过大也会影响幼虫发育,故还需通过控制成虫排卵时间来控制幼虫密度。一般情况下,10 对成虫交配后 12 h 左右,将成虫转移。

(4) 稍低的温度有利于幼虫的充分生长发育,因而可采用 15～18 ℃进行培养。

### (二)唾腺染色体制片

(1) 检查幼虫培养瓶,取三龄幼虫一只,置于载玻片上,并加上 1 滴生理盐水(如幼虫带有饲料,可先用生理盐水洗净),置于双筒解剖镜下检查。首先熟悉幼虫结构,幼虫具有一个钝尾和带黑色口器的尖头端。

(2) 在解剖镜下用两支解剖针,一针压住头部,按压的点尽可能靠头部口器处。因为幼虫会蠕动,这一步需先练习几遍。

(3) 幼虫头部固定之后,再用另一针压住尾端(或用镊子夹住),平稳快速一拉,使口器部分断开,体内各器官也从切口挤出,一对唾腺也随之而出。唾腺是一对透明的香蕉状腺体,仔细观察可发现它由一个个较大的唾腺细胞组成。

(4) 分离的腺体可能伴有消化道和脂肪体。在载玻片上加 1 滴生理盐水,再用刀片或镊子仔细剔除这些杂物,仅让腺体留下,或将腺体移到干净玻片上。

(5) 用滤纸将多余的生理盐水吸去,注意不要触碰腺体,以防吸走,然后滴 1 滴 1 mol/L HCl 溶液解离 3～5 min。

(6) 用滤纸吸去多余盐酸,滴加改良苯酚品红染液,染色 5～10 min。

(7) 染色后,盖上盖玻片,用滤纸轻轻吸去多余染液,然后平放在桌面上,用大拇指挤压盖玻片,可横向揉几下,多练习几次,以便获得分散良好的制片。

(8) 制好的压片即可在显微镜下观察。

## 五、实验结果与分析

检查制作的玻片,寻找形态良好、分散适中的图像,仔细观察各条臂的特点。要求每组交一张制作良好的玻片。

## 六、注意事项

在压片时不要使盖玻片滑动,用大拇指垂直下压玻片。

## 七、思考题

(1) 果蝇唾腺染色体在遗传学上有哪些应用?
(2) 根据实验观察可以确定果蝇的染色体数目吗?

## 八、参考文献

[1] 张贵友,吴琼,林琳. 普通遗传学实验指导[M].北京:清华大学出版社,2003.

[2] 王建波,方呈祥,鄢慧民,等.遗传学实验教程[M].武汉:武汉大学出版社,2004.

[3] 卢龙斗,常重杰.遗传学实验技术[M].北京:科学出版社,2007.

（西北民族大学　郭晓农）

# 实验十六　　果蝇单因子杂交

## 一、实验目的

(1) 理解分离定律的原理。

(2) 掌握果蝇的杂交方法。

(3) 掌握统计处理方法。

## 二、实验原理

一对等位基因在杂合状态时互不干扰,保持其独立性,在配子形成时,又各自独立分配到不同的配子中去。在一般情况下,配子分离比是 $1:1$,$F_2$ 基因型分离比是 $1:2:1$,$F_2$ 表型分离比是 $3:1$。这也称分离定律(图 3-16-1)。

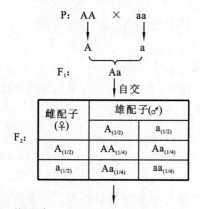

基因型　　1AA : 2Aa : 1aa
表型　　　　3A_ : 1aa

图 3-16-1　分离定律原理示意图

## 三、实验材料、器材与试剂

### (一) 实验材料

黑腹果蝇品系:野生型(＋＋)和残翅(vgvg)。

### (二) 实验器材

毛刷、白瓷板、镊子、麻醉瓶、胶头滴管、棉球、培养皿、放大镜、标签、尸体瓶、培养瓶、双筒解剖镜、人工智能培养箱等。

### (三) 实验试剂

乙醚、玉米琼脂培养基等。

## 四、实验内容

(1) 收集处女蝇。将野生型和残翅原种培养瓶中的成蝇全部清除,此后每隔 6～8 h 收集刚羽化的成蝇,并将雌蝇和雄蝇分开在不同的培养瓶中培养。由于雌蝇的受精囊可保留交配所得的大量精子,在相当长的一段时间内使大量的卵子受精,因此在做品系间杂交时必须选用处女蝇。由于刚从蛹羽化的雌蝇在 6～8 h 内没有交配能力,因此把亲本果蝇去除后,在 6～8 h 内收集的雌蝇必为未交配过的处女蝇。

(2) 选取野生型(或残翅)处女蝇 8～10 只,残翅(或野生型)雄蝇 10～15 只,一同装入培养瓶进行杂交,贴好标签,注明亲本基因型、杂交日期和实验者姓名等信息后,放入人工智能培养箱(25 ℃)中培养。

(3) 培养 7～8 天后,当培养瓶壁上出现黑色蛹时移去亲本,然后继续培养。

(4) 再经 3～5 天,$F_1$ 代成虫开始羽化,此时观察 $F_1$ 代个体的表型并做记录,观察后的果蝇收集至尸体瓶。理论上,$F_1$ 代个体的表型均为野生型。

(5) 对 $F_1$ 代果蝇表型连续观察 1～3 天后,选取 10～15 对 $F_1$ 代成体雌、雄果蝇到一个新的培养瓶中,任其自交,同时贴好标签,注明亲本基因型、杂交日期和实验者姓名等信息。

(6) 培养 7～8 天后,当培养瓶壁上出现黑色蛹时移去 $F_1$ 代亲本,然后继续培养。

(7) 再经 3～5 天,$F_2$ 代成虫开始羽化,逐批观察并统计各种表型的果蝇数目,观察后的果蝇收集至尸体瓶,连续统计 3～5 天,结果填入表 3-16-1 中。在条件允许的情况下,样本量越大,实验结果越精确。

表 3-16-1　$F_2$ 代果蝇表型及实际观察数

| 日　　期 | 野　生　型 | 残　　翅 |
| --- | --- | --- |
|  |  |  |
| 合计 |  |  |

## 五、实验结果与分析

(1) 观察 $F_1$ 代果蝇的表型,确定残翅性状对野生型的显隐性关系。

(2) 完成表 3-16-2,利用 $\chi^2$ 检验检测观察数与理论数的符合程度。

表 3-16-2　$\chi^2$ 检验

| 项　　目 | 野　生　型 | 残　　翅 | 合　　计 |
| --- | --- | --- | --- |
| 实际观察数($O$) |  |  |  |
| 理论数(3∶1)($E$) |  |  |  |
| 偏差($O-E$) |  |  |  |
| $(O-E)^2/E$ |  |  |  |

自由度$(f)=n-1=2-1=1$, $\chi^2=\sum\dfrac{(O-E)^2}{E}$。查 $\chi^2$ 表,若 $\chi^2 \leqslant f(1)_{0.05}$,则说明实际观察数与理论数的差异属随机误差,单因子的遗传符合分离定律;若 $\chi^2 > f(1)_{0.05}$,则说明实际观察数与理论数的差异属真实差异,残翅基因的遗传不能用分离定律来解释。

## 六、注意事项

(1) 可根据实验室现有的条件选择其他果蝇突变体进行实验,但要确认突变基因位于常染色体而非性染色体上。

(2) 要事先拟好实验计划并严格执行,防止在实验过程中由于频繁地调整实验方案或对实验方案不熟悉造成混乱。

(3) 选处女蝇时要密切观察,在适当的时间及时移去亲本,防止因非处女蝇的杂交产生无法解释的实验结果。

### 七、思考题

(1) 如果产生 $F_1$ 代的杂交母本不是处女蝇,对实验结果有什么影响?

(2) 如果产生 $F_2$ 代的自交母本不是处女蝇,对实验结果是否有影响?

### 八、参考文献

[1] 张文霞,戴灼华.遗传学实验指导[M].北京:高等教育出版社,2007.

[2] 刘祖洞,江绍慧.遗传学实验[M].北京:高等教育出版社,1987.

(哈尔滨工业大学　张凤伟)

# 实验十七　果蝇的双因子杂交

## 一、实验目的

学习并验证遗传学第二定律——自由组合定律。

## 二、实验原理

两对基因在杂合状态下互不干扰,保持其独立性。在配子形成时,同一对等位基因各自独立分离,不同对等位基因则自由组合,$F_1$ 代配子分离比是 $1:1:1:1$,$F_2$ 代表型分离比是 $9:3:3:1$(图 3-17-1)。

## 三、实验材料、器材与试剂

### (一) 实验材料

黑檀体(ebony)及残翅(vestigial)突变体果蝇原种。

### (二) 实验器材

毛笔、胶头滴管、培养管、解剖针、培养皿、放大镜、记号笔、尸体瓶、体视显微镜、人工智能培养箱、棉塞、棉花、医用胶带等。

### (三) 实验试剂

95%乙醇、玉米琼脂培养基等。

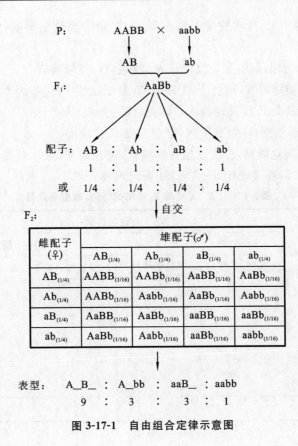

P:　　　　AABB　×　aabb

　　　　　　AB　　　　ab

F₁:　　　　　　AaBb

配子:　　AB ： Ab ： aB ： ab
　　　　　1 ： 1 ： 1 ： 1
　或　　1/4 ： 1/4 ： 1/4 ： 1/4

F₂:　　↓自交

| 雌配子(♀) | 雄配子(♂) | | | |
|---|---|---|---|---|
| | AB(1/4) | Ab(1/4) | aB(1/4) | ab(1/4) |
| AB(1/4) | AABB(1/16) | AABb(1/16) | AaBB(1/16) | AaBb(1/16) |
| Ab(1/4) | AABb(1/16) | Aabb(1/16) | AaBb(1/16) | Aabb(1/16) |
| aB(1/4) | AaBB(1/16) | AaBb(1/16) | aaBB(1/16) | aaBb(1/16) |
| ab(1/4) | AaBb(1/16) | Aabb(1/16) | aaBb(1/16) | aabb(1/16) |

↓

表型:　A_B_ ： A_bb ： aaB_ ： aabb
　　　　 9 ： 3 ： 3 ： 1

**图 3-17-1　自由组合定律示意图**

## 四、实验内容

（1）挑选处女蝇。

雌性果蝇生殖系统中具有受精囊,可保存交配中所得到的大量精子,延迟受精时间,一次交配,多次受精,因此杂交所用的亲本雌蝇必须是从未交配过的处女蝇。处女蝇的挑选可通过严格时间控制和形态特征鉴别来实现。

刚羽化的果蝇成虫生殖系统并不立即成熟,需要一些时间,25 ℃下约需 8 h 才具备交配和生殖能力。若以清除原种管中亲本为起始时间,此后 8 h 内所有羽化出的雌性成蝇应该都属于未交配过的处女蝇。

刚刚完成出蛹羽化的果蝇身体幼嫩细长,体色苍白,甚至可以观察到腹腔的黑色消化道。如果在培养管中观察到具有此外形特征的雌蝇,即为处女蝇。

按照上述方法,分别挑选黑檀体与残翅纯合品系的处女蝇,分开饲养,每种品系至少 8 只。对于不确定是否为处女蝇的雌蝇,可以单蝇单管饲养 7 日,若管中未观察到幼虫,也可判断其为处女蝇。

（2）取残翅纯种雄蝇 8～10 只与前述黑檀体处女蝇 8 只,分别麻醉（1 mL 乙醇 10 min）,转入同一支玉米琼脂培养管内,培养管横放,直至所有果蝇苏醒再竖起,记为正交组。

同时设置反交组:取黑檀体纯种雄蝇 8～10 只与前述残翅处女蝇 8 只,麻醉后同管培养。

管壁标注亲本基因型、杂交日期、实验者姓名等,于（25±2）℃、湿度 40%、无光照的培养箱中培养。

(3) 随时观察,约 7 天,可在管壁上观察到蛹,在蛹的颜色变黑前,完全清除并处死亲本果蝇。

(4) 待 $F_1$ 代成蝇羽化,麻醉并观察记录表型和数目,连续检查 3 天。选取 10 对健康强壮果蝇转入新的玉米琼脂培养管,进行 $F_1$ 代自交,管壁上注明 $F_1$ 代基因型、杂交时间、实验者姓名,同前述条件培养;其余 $F_1$ 代果蝇收入尸体瓶,统一处死。

(5) 待管壁上观察到蛹,在蛹变黑前,完全去除 $F_1$ 代成蝇。

(6) 待 $F_2$ 代成蝇羽化成熟,分次逐批麻醉检查,记录表型(灰体长翅、灰体残翅、黑檀体长翅、黑檀体残翅)及数目,连续统计 5～7 天,结果记入表 3-17-1。

表 3-17-1　正、反交组 $F_2$ 代果蝇性别、表型与数目

| 检查日期 | 表型与性别 | | | | | | | |
|---|---|---|---|---|---|---|---|---|
| | 正交组 | | | | 反交组 | | | |
| | 灰体长翅 | 灰体残翅 | 黑檀体长翅 | 黑檀体残翅 | 灰体长翅 | 灰体残翅 | 黑檀体长翅 | 黑檀体残翅 |
| | | | | | | | | |
| 合计 | | | | | | | | |

## 五、实验结果与分析

(1) 观察并统计 $F_1$ 代果蝇的表型与相应数目,分析长翅对残翅、灰体对黑檀体等相对性状的显隐性关系。

(2) 根据 $F_2$ 代表型观察及数目统计,使用 $\chi^2$ 检验(表 3-13-2),验证自由组合定律。

表 3-13-2　$\chi^2$ 检验

| 项目 | 表型及数目 | | | | 合计 |
|---|---|---|---|---|---|
| | 灰体长翅 | 灰体残翅 | 黑檀体长翅 | 黑檀体残翅 | |
| 实际观察数($O$) | | | | | |
| 理论数($E$)(9:3:3:1) | | | | | |
| 偏差($O-E$) | | | | | |
| $\dfrac{(O-E)^2}{E}$ | | | | | |

自由度 $(f)=n-1=4-1=3$,$\chi^2=\sum\dfrac{(O-E)^2}{E}$。查 $\chi^2$ 表,若 $\chi^2 \leqslant f(1)_{0.05}$,则说明实际观察数与理论数的差异属随机误差,黑檀体与残翅基因双因子的遗传符合自由组合定律;反之,若 $\chi^2 > f(1)_{0.05}$,则说明实际观察数与理论数的差异属真实差异,黑檀体与残翅基因的遗传不能用自由组合定律来解释。

### 六、注意事项

（1）进行果蝇麻醉时，也可用乙醚。乙醚麻醉剂量低，其麻醉时间也比乙醇的麻醉时间短。不论使用乙醇还是乙醚，均需注意麻醉程度，过轻时在操作过程中果蝇便可能苏醒逃逸，过重时又可能导致果蝇生育能力下降甚至死亡。

（2）$F_2$ 代果蝇计数工作需尽快完成，统计尽可能多的果蝇，但也不能过长时间统计。统计时间应控制在自 $F_1$ 代杂交开始算起 20 天内，否则实验结果将无法解释，失去统计意义。

### 七、思考题

如果突变基因位于性染色体的纯合品系，能用来验证自由组合定律吗？如果不能，为什么？如果可以，又应该如何进行？

### 八、参考文献

[1] 乔守怡，江绍慧. 遗传学实验——果蝇实验[J]. 遗传，1981，3(1)：39-42.
[2] 王亚馥，戴灼华. 遗传学[M]. 北京：高等教育出版社，1999.

（哈尔滨工业大学　钱　宇）

# 实验十八　果蝇的三点测交与遗传作图

### 一、实验目的

（1）理解连锁交换定律的原理。
（2）掌握三点测交作图的方法。
（3）理解重组率与交换值的区别。

### 二、实验原理

处在同一染色体上的 2 个或 2 个以上的基因，在配子形成过程中由于同源染色体的非姐妹染色单体间发生交换，因此连锁基因间可能发生重组。显然，2 个基因之间的距离越大，则可能发生交换的位点越多，2 个基因间的交换频率（交换值）也越大。因此，2 个基因间的交换值与它们之间的距离呈正相关。基于这个原理，可以将交换值作为基因间相对距离的度量。然而交换值无法通过细胞学观察进行计算，只有通过交换后的结果，即基因之间的重组来估计交换值。衡量基因间重组的参数是重组率（recombination frequency），即重组型配子占配子总数的百分率。由于测交能够真实地反应杂合体产生配子的基因型情况，因此常用测交法计算重组率，即测交子代中重组型个体数占总个体数的百分率。

通过测交实验计算重组率有两种方法：一种是两点测交，即一次测交只分析 2 个基因间的重组率，如果对 3 个连锁基因进行作图，则需要进行 3 次测交实验；另一种较为常用的方法是三点测交,即一次测交实验中同时观察 3 个基因的重组情况,从而通过一次测交实验便能对 3 个连锁基因进行作图分析,大大提高了连锁基因作图的效率。

## 三、实验材料、器材与试剂

### (一)实验材料

黑腹果蝇品系:野生型($+++/+++$,表示 3 个野生型基因)和白眼、短翅、焦刚毛三隐性突变体($wmsn^3/wmsn^3$)。

### (二)实验器材

毛刷、镊子、麻醉瓶、胶头滴管、棉球、放大镜、标签、尸体瓶、培养瓶、双筒解剖镜、人工智能培养箱。

### (三)实验试剂

乙醚和玉米琼脂培养基等。

## 四、实验内容

(1)收集处女蝇。将三隐性突变体原种培养瓶中的成蝇全部清除,此后每隔 6~8 h 收集刚羽化的成蝇,并将雌蝇和雄蝇分在不同的培养瓶中培养。

(2)选取三隐性突变体处女蝇 8~10 只、野生型雄蝇 10~15 只,一同装入培养瓶进行杂交,贴好标签,注明亲本基因型、杂交日期和实验者姓名等信息后,放入人工智能培养箱(25 ℃)中培养,以期获得 3 个隐性基因的三杂合体。

(3)培养 7~8 天后,当培养瓶壁上出现黑色蛹时移除亲本,然后继续培养。

(4)再经 3~5 天,$F_1$ 代三杂合体成虫开始羽化,此时观察 $F_1$ 代个体的表型并做记录,观察后的果蝇收集至尸体瓶。理论上所有 $F_1$ 代雄蝇的基因型均为三隐性体($wmsn^3/Y$),雌蝇均为三杂合体($wmsn^3/+++$)。

(5)选取 10~15 对 $F_1$ 代雌、雄成蝇至新的培养瓶中,任其杂交,同时贴好标签,注明亲本基因型、杂交日期和实验者姓名等信息。

(6)培养 7~8 天后,当培养瓶壁上出现黑色蛹时移去 $F_1$ 代亲本,然后继续培养。

(7)再经 3~5 天,$F_2$ 代成虫开始羽化,逐批观察、统计各种表型的果蝇数目,观察后的果蝇收集至尸体瓶,连续统计 3~5 天,结果计入表 3-18-1 中。在条件允许的情况下,样本量越大,实验结果越精确。理论上,$F_2$ 代应有 8 种表型,其中最多的 2 种为亲本型,最少的 2 种为双交换型,其余 4 种为单交换型。

表 3-18-1 $F_2$ 代果蝇表型及相应的观察数

| 统 计 日 期 | | | | |
|---|---|---|---|---|
| 野生型($+++$) | | | | |
| 白眼、短翅、焦刚毛($wmsn^3$) | | | | |
| 短翅、焦刚毛($+msn^3$) | | | | |

续表

| 统计日期 | | | | | |
|---|---|---|---|---|---|
| 白眼（w＋＋） | | | | | |
| 焦刚毛（＋＋sn³） | | | | | |
| 白眼、短翅（wm＋） | | | | | |
| 白眼、焦刚毛（w＋sn³） | | | | | |
| 短翅（＋m＋） | | | | | |
| 合计 | | | | | |

## 五、实验结果与分析

（1）对比亲本型和双交换型的基因，根据双交换的特点，即两端基因无重组，而中间的基因分别与两端的基因发生重组，初步确定 3 个基因的连锁顺序。

（2）观察 $F_2$ 代表型，对 $F_2$ 代果蝇按表型进行归类，并按类型完成表 3-18-2。其中 P 代表亲本型，$S_1$ 和 $S_2$ 代表两种单交换型，D 代表双交换型。

表 3-18-2　三点测交 8 种表型归类统计

| 序　号 | 三杂合体配子 | | | 个体数目 | w-m | m-sn³ | w-sn³ | 交换类型 |
|---|---|---|---|---|---|---|---|---|
| 1 | ＋ | ＋ | ＋ | | 亲本型 | 亲本型 | 亲本型 | P |
| 2 | w | m | sn³ | | | | | |
| 3 | ＋ | m | sn³ | | 重组型 | 亲本型 | 重组型 | $S_1$ |
| 4 | w | ＋ | ＋ | | | | | |
| 5 | ＋ | ＋ | sn³ | | 亲本型 | 重组型 | 重组型 | $S_2$ |
| 6 | w | m | ＋ | | | | | |
| 7 | ＋ | m | ＋ | | 重组型 | 重组型 | 亲本型 | D |
| 8 | w | ＋ | sn³ | | | | | |

（3）计算 3 个基因间的重组率：

$$\mathrm{RF}_{\text{w-m}}=\frac{S_1+D}{N}\times100\%$$

$$\mathrm{RF}_{\text{m-sn}^3}=\frac{S_2+D}{N}\times100\%$$

$$\mathrm{RF}_{\text{w-sn}^3}=\frac{S_1+S_2+2D}{N}\times100\%$$

式中，$S_1$ 为 w 与 m 单交换个数，$S_2$ 为 m 与 sn³ 单交换个数，D 为 w 与 sn³ 双交换个数，N 为个体总数。

(4) 绘图。

## 六、注意事项

(1) 可根据实验室现有的条件选择其他果蝇突变体进行实验。由于雄性果蝇基因呈完全连锁遗传,因此突变基因若位于 X 染色体上,则注意测交实验中果蝇的性别。

(2) 若统计的 $F_2$ 代个体数目较少,则可能观察不到两种双交换型个体,$F_2$ 代只有 6 种表型。

(3) 要事先拟好实验计划并严格执行,防止在实验过程中由于频繁地调整实验方案或对实验方案不熟悉造成混乱。

(4) 选处女蝇时要密切观察,在适当的时间及时移除亲本,防止因非处女蝇的杂交产生无法解释的实验结果。

## 七、思考题

(1) 本实验中,是否可以选择野生型雌蝇和三隐性突变体雄蝇杂交产生 $F_1$ 代三杂合体?

(2) 若 3 个连锁基因在常染色体上,是否可以利用三杂合体雄蝇和三隐性体雌蝇测交产生 $F_2$ 代?

## 八、参考文献

[1] 张文霞,戴灼华.遗传学实验指导[M].北京:高等教育出版社,2007.

[2] 刘祖洞,江绍慧.遗传学实验[M].北京:高等教育出版社,1987.

(哈尔滨工业大学　张凤伟)

# 实验十九　果蝇的伴性遗传分析

## 一、实验目的

了解伴性遗传并验证伴性遗传的规律。

## 二、实验原理

同配性别传递显性纯合基因时,$F_1$ 代雌、雄果蝇均表现显性性状,$F_2$ 代的性状分离中显性与隐性分离比为 3∶1,且隐性个体的性别与祖代隐性个体一样。对于 XY 型性别决定类型的生物来说,即表现为外祖父的性状通过其女儿传递给外孙(图 3-19-1(a))。

同配性别传递隐性纯合基因时,$F_1$ 代表现交叉遗传,即母亲的性状传递给儿子,父亲的性状传递给女儿,$F_2$ 代性状分离比为 1∶1(图 3-19-1(b))。

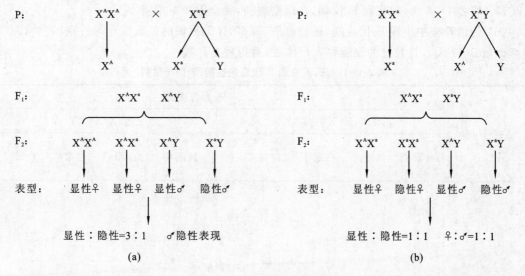

图 3-19-1　伴性遗传规律图

## 三、实验材料、器材与试剂

### （一）实验材料

黑腹果蝇野生型、黑腹果蝇白眼突变体（white）等果蝇原种。

### （二）实验器材

毛笔、胶头滴管、培养瓶或培养管、解剖针、放大镜、记号笔、尸体瓶、体视显微镜、人工智能培养箱、棉塞、棉花、医用胶带等。

### （三）实验试剂

95％乙醇、玉米琼脂培养基等。

## 四、实验内容

（1）收集处女蝇。采用控制时间或进行形态特征鉴别的方法，分别从黑腹果蝇野生型、黑腹果蝇白眼突变型的原种管中，挑选收集处女蝇。分开饲养备用。

（2）选取黑腹果蝇野生型雄性成蝇 8～10 只与白眼突变型处女蝇 8 只，分别麻醉后，转入同一支玉米琼脂培养管中，保持管横放，直至果蝇全部苏醒再竖起。此为正交组。

同时，设置反交组：野生型雄性成蝇 8～10 只与白眼突变型处女蝇 8 只。

管壁注明亲本基因型、杂交日期、实验者姓名，置于人工智能培养箱中培养（(25±2) ℃，黑暗，湿度 40％）。7～8 天后，管壁上观察到褐色蛹，在蛹变黑前，完全移除亲本果蝇。

（3）随时观察，待培养管中出现 $F_1$ 代成蝇，取出麻醉，观察记录表型（复眼颜色）与性别的联系，连续记录 3 天。正、反交组都要检查并记录。

（4）从 $F_1$ 代成蝇中各选取 10 对健康强壮的果蝇，移入新的玉米琼脂培养管中，注明 $F_1$ 代基因型、杂交时间、实验者姓名，置于人工智能培养箱中培养（(25±2) ℃，黑暗，湿度 40％）。正、反交组都做自交。其余的 $F_1$ 代成蝇转入尸体瓶处死。

（5）培养 7～8 天，观察到 $F_2$ 代蛹，在蛹变黑前，完全除净 $F_1$ 代果蝇。

（6）待培养管中出现 $F_2$ 代成蝇，逐批麻醉，观察、计数果蝇的复眼颜色与性别（表 3-19-1），连续计数 5～7 天。计数过的果蝇移入尸体瓶，避免重复计数。

表 3-19-1 正、反交组 $F_2$ 代果蝇性别、表型与数目

| 检查日期 | 表型与性别 | | | | | | | |
|---|---|---|---|---|---|---|---|---|
| | 正交组:$X^+X^+ \times X^wY$ | | | | 反交组:$X^wX^w \times X^+Y$ | | | |
| | 红眼♀ | 红眼♂ | 白眼♀ | 白眼♂ | 红眼♀ | 红眼♂ | 白眼♀ | 白眼♂ |
| | | | | | | | | |
| 合计 | | | | | | | | |

## 五、实验结果与分析

（1）观察并记录正、反交组的 $F_1$ 代及 $F_2$ 代成蝇的性别、复眼颜色及数目，分析复眼颜色与子代性别的关系。

（2）通过统计学检验，说明果蝇复眼颜色的遗传是否符合伴性遗传的规律。

## 六、注意事项

（1）进行果蝇麻醉时，也可使用乙醚。乙醚麻醉剂量低，其麻醉时间也比乙醇的麻醉时间短。不论使用乙醇还是乙醚，均需注意麻醉程度，过轻时在操作过程中果蝇便可能苏醒逃逸，过重时又可能导致果蝇生育能力下降甚至死亡。

（2）$F_2$ 代果蝇计数工作需尽快完成，统计尽可能多的果蝇，但也不能过长时间统计。统计时间应控制在自 $F_1$ 代杂交开始算起 20 天内，否则实验结果将无法解释，失去统计意义。

## 七、思考题

在本实验的反交方案中，$F_1$ 代在通常情况下能否观察到白眼雌蝇？如果观察到白眼雌蝇，试分析其出现的可能原因。

## 八、参考文献

［1］乔守怡，江绍慧.遗传学实验——果蝇实验［J］.遗传，1981,3(1):39-42.

［2］王亚馥，戴灼华.遗传学［M］.北京:高等教育出版社，1999.

（哈尔滨工业大学　钱　宇）

# 实验二十　环境因素对果蝇生长发育的影响

## 一、实验目的

（1）掌握果蝇的杂交方法。

（2）掌握统计处理方法。

（3）探究温度、化学因素、生物因素、紫外线等对果蝇生存、逆重力爬行能力、产卵等的影响。

## 二、实验原理

任何生物对于生活环境都有一定的要求，如适宜的温度、酸碱度及营养成分等。通过改变生活环境因素的实验，观察不同环境因素对果蝇造成的影响，比如雌、雄果蝇寿命，逆重力爬行能力，产卵能力，以及是否会造成果蝇某些性状的突变。根据实验结果，思考环境因素对于果蝇乃至人类的影响，进而确立爱护环境、爱护生命的责任意识。

## 三、实验材料、器材与试剂

### （一）实验材料

黑腹果蝇品系：野生型（＋＋）。

### （二）实验器材

毛刷、白瓷板、镊子、麻醉瓶、胶头滴管、棉球、培养皿、放大镜、标签、尸体瓶、培养瓶、双筒解剖镜、人工智能培养箱等。

### （三）实验试剂

乙醚、玉米琼脂培养基等。

## 四、实验内容（以不同温度为例）

**1. 收集处女蝇**

将野生型原种培养瓶中的成蝇全部清除，此后每隔 6～8 h 收集刚羽化的成蝇，并将雌蝇和雄蝇分开在不同的培养瓶中培养。由于雌蝇的受精囊可保留交配所得的大量精子，在相当长的一段时间内使大量的卵子受精，因此在做品系间杂交时必须选用处女蝇。由于刚从蛹羽化的雌蝇在 6～8 h 内没有交配能力，因此把亲本果蝇去除后，在 6～8 h 内收集的雌蝇必为未交配过的处女蝇。

**2. 果蝇生存实验**

收集 6～8 h 内羽化的雌、雄果蝇各 300 只，分成 3 个组（每组 5 管），分别在 0 ℃、4 ℃、25 ℃条件下培养。每 6 天更换一次相应浓度的培养基，每天定时观察、记录死亡的果蝇数，非正常死亡的果蝇不计在内,直到最后一只果蝇死亡。对记录的结果进行整理(表 3-20-1),计算果蝇的半数死亡时间、平均寿命、最高寿命。将每组最后死亡的 4 只果蝇死亡天数的算术平均数作为最高寿命。

表 3-20-1　果蝇生存实验记录表

| 温度/℃ | 半数死亡时间 | | 平均寿命 | | 最高寿命 | |
|---|---|---|---|---|---|---|
| | 雌果蝇 | 雄果蝇 | 雌果蝇 | 雄果蝇 | 雌果蝇 | 雄果蝇 |
| 0 | | | | | | |
| 4 | | | | | | |
| 25 | | | | | | |

### 3. 果蝇逆重力爬行实验

收集 6~8 h 内羽化的雌、雄果蝇各 300 只,分成 3 个组(每组 5 管),分别在 0 ℃、4 ℃、25 ℃条件下培养。每 6 天更换培养基,培养 30 天后,将果蝇转移至干净的培养瓶中,轻拍培养瓶使所有果蝇落至底部。统计 1 min 内爬过标记线(距管底 6 cm)的果蝇数量(表 3-20-2)。

表 3-20-2　果蝇逆重力爬行实验记录表

| 温度/℃ | 0 | 4 | 25 |
|---|---|---|---|
| 雌果蝇数量 | | | |
| 雄果蝇数量 | | | |

### 4. 果蝇产卵能力实验

收集 6~8 h 内羽化的雌、雄果蝇各 150 只,分成 3 个组(每组 5 管),每管放雌蝇 10 只、雄蝇 10 只,分别在 0 ℃、4 ℃、25 ℃条件下培养。24 h 后,去除亲本。然后定期观察卵粒数量,并统计三龄幼虫、蛹、成虫出现的时间和数量(表 3-20-3),直到最后数量不发生改变,停止实验。

表 3-20-3　果蝇产卵能力实验记录表

| 温度/℃ | 三龄幼虫 | | 蛹 | | 成虫 | |
|---|---|---|---|---|---|---|
| | 时间 | 数量 | 时间 | 数量 | 时间 | 数量 |
| 0 | | | | | | |
| 4 | | | | | | |
| 25 | | | | | | |

### 5. 子代果蝇性状观察实验

收集 6~8 h 内羽化的雌、雄果蝇各 150 只,分成 3 个组(每组 5 管),每管放雌蝇 10 只、雄蝇 10 只,分别在 0 ℃、4 ℃、25 ℃条件下培养。24 h 后,去除亲本。待子代成蝇 3 天后,观察、记录果蝇的性状(翅型、体长、个体重等)。

## 五、实验结果与分析

(1) 根据实验数据,分析温度对果蝇寿命的影响。

(2) 根据实验数据,分析温度对果蝇逆重力爬行能力的影响。

(3) 根据实验数据,分析温度对果蝇产卵能力、成蝇发育历程的影响。

(4) 根据实验数据,分析温度对子代果蝇性状的影响。

## 六、注意事项

(1) 定期更换培养基。

(2) 实验过程中减少人为因素对果蝇造成的死亡。

## 七、思考题

(1) 根据所学专业知识,还可以通过哪些指标测定温度对果蝇生长发育的影响?

(2) 除温度外,还可以探究哪些环境因素对果蝇生长发育的影响?

## 八、参考文献

[1] 张文霞,戴灼华. 遗传学实验指导[M]. 北京:高等教育出版社,2007.

[2] 刘祖洞,江绍慧. 遗传学实验[M]. 北京:高等教育出版社,1987.

[3] 黄玲艳. 桂花提取物的抗氧化及延缓衰老作用研究[D]. 扬州:扬州大学,2017.

[4] 孙军德,侯静,杨逸. 富硒蛹虫草多糖对鱼藤酮诱导伤害果蝇的保护功效[J]. 食品科学,2013,34(7):266-269.

(长治学院 秦永燕)

# 实验二十一 粗糙脉孢菌顺序四分子分析

## 一、实验目的

(1) 了解粗糙脉孢菌的生活周期及特性。

(2) 学习粗糙脉孢菌的培养方法和杂交技术。

(3) 通过分析粗糙脉孢菌的赖氨酸缺陷型和野生型杂交所得后代的表型,了解顺序四分子的遗传学分析方法,进行有关基因的着丝粒距离计算和作图。

## 二、实验原理

粗糙脉孢菌(*Neurospora crassa*)属于真菌中的子囊菌纲,是低等的真核生物。它是遗传学分析的好材料。粗糙脉孢菌的菌丝体是单倍体($n=7$),每一个菌丝细胞中含有几十个细胞核,由菌丝顶端断裂形成分生孢子。分生孢子有两种,其中小型分生孢子含有一个核,大型分生孢子含有几个核。分生孢子萌发成菌丝,可再生成分生孢子,周而复始,这样形成粗糙脉孢菌的无性生殖过程。

粗糙脉孢菌除无性生殖过程外,也可以进行有性生殖。粗糙脉孢菌的菌株具有两种不同的接合型(mating type),用 A、a 或 mt$^+$、mt$^-$表示。接合型是由一对等位基因控制的,并符合孟德尔分离定律。不同接合型菌株的细胞接合产生有性孢子,有性孢子可很快进入减数分裂,粗糙脉孢菌减数分裂的四个产物保留在一起,称为四分子。但是,在分裂的过程中子囊的外形比较狭窄,以致分裂的纺锤体不能重叠,只能纵立于它的长轴中,这样所有分裂后的核即 8 个子囊孢子都是从上到下排列成行,所以粗糙脉孢菌减数分裂所产生的四分子属于顺序四分子。

根据 8 个子囊孢子有序地排列在狭长形的子囊中,可以测定基因的着丝粒距离并发现基因转换(gene conversion)。如果两个亲代菌株有某一遗传性状的差异,那么杂交所形成的每一个子囊,必定有 4 个子囊孢子属于一种类型,其他 4 个子囊孢子属于另一种类型,其分离比为 1:1 且子囊孢子按一定顺序排列。如果这一对等位基因与子囊孢子的颜色或形状有关,那么在显微镜下可以直接观察到子囊孢子的不同排列方式。

本实验用赖氨酸缺陷型(Lys$^-$)与野生型(Lys$^+$)杂交,得到的子囊孢子分离为 4 个黑色的(＋)和 4 个灰色的(一)。黑色孢子是野生型;赖氨酸缺陷型孢子成熟迟,在野生型孢子成熟变黑时,还未变黑,而呈浅灰色。根据黑色孢子和灰色孢子在子囊中的排列顺序,可知合子在减数分裂时,基因和着丝粒之间发生交换的情况,最终可有两大类型的子囊出现,即第一次分裂分离子囊和第二次分裂分离子囊。第二次分裂分离子囊的出现是有关的基因和着丝粒之间发生一次交换的结果。第二次分裂分离子囊为交换型子囊,而第一次分裂分离子囊为非交换型子囊。第二次分裂分离子囊越多,则有关基因和着丝粒之间的距离越远。所以由第二次分裂分离子囊的频率可以计算某一基因和着丝粒之间的距离,称之为着丝粒距离。由于交换仅发生在二价体的四条染色单体中的两条之间,所以交换型子囊中仅有一半子囊孢子属于重组类型,因此可根据下列公式求出着丝粒与有关基因之间的重组值:

$$重组值＝交换型子囊数/(交换型子囊数＋非交换型子囊数)×1/2×100\%$$

## 三、实验材料、器材与试剂

### (一) 实验材料

粗糙脉孢菌野生型菌株 Lys$^+$,接合型 A,分生孢子呈粉红色;粗糙脉孢菌赖氨酸缺陷型菌株 Lys$^-$,接合型 a,分生孢子呈白色。

### (二) 实验器材

显微镜、恒温培养箱、超净工作台、高压蒸汽灭菌锅、酒精灯、锥形瓶、试管、培养皿、载玻片、镊子、接种针、解剖针、滤纸等。

### (三) 实验试剂

基本培养基、补充培养基、完全培养基、杂交培养基(以下培养基配方供选用)、5％次氯酸钠(NaClO)溶液、5％苯酚溶液等。

**1. 基本培养基(野生型可生长,赖氨酸缺陷型不能生长)**

称取 10 g 蔗糖、0.1 g CaCl$_2$、0.1 g NaCl、0.5 g MgSO$_4$ · 7 H$_2$O、1 g KH$_2$PO$_4$、1 g NH$_4$NO$_3$、5 g 酒石酸铵、4 $\mu$g 生物素、1 g K$_2$HPO$_4$、1 mL 微量元素溶液、20 g 琼脂(固体培养基添加),加蒸馏水至 1000 mL,pH 5.5～6.5。

**2. 补充培养基(供 Lys$^-$ 生长)**

在基本培养基上补加适量赖氨酸,用量一般为每 100 mL 基本培养基中添加 1～2 mg 赖氨酸,或在 100 mL 基本培养基中添加 0.2 mg 泛酸钙、0.2 mg 叶酸、0.05 mg 吡哆醇、0.1 mg 硫胺素、0.2 mg 氯化胆碱、0.4 mg 肌醇、0.05 mg 对氨基苯甲酸、0.05 mg 核黄素。

**3. 完全培养基(可用马铃薯培养基代替)**

将马铃薯洗净去皮,挖去芽眼,切碎,称取 200 g,加水 1000 mL,煮熟后用纱布过滤,弃去残渣,滤下的马铃薯汁加 2% 琼脂、20 g 蔗糖,煮沸溶解,分装到试管中。也可将马铃薯切成黄豆大小的碎块,每支试管放 3~4 块,然后加入溶化了的蔗糖和琼脂。

**4. 杂交培养基(供 Lys⁺×Lys⁻ 用)**

将玉米在水中浸软后(一般浸 24 h),捞出晾干,每支试管放 2~3 粒,加 2~3 mL 溶化了的 2% 琼脂,再放入一小片折叠的扇形滤纸(长 3~4 cm),并塞紧棉塞。

## 四、实验内容

### (一)菌种活化

菌种平时保存在 4 ℃ 的冰箱中,使用前要进行活化,以便让菌种生长状态良好。方法:只需将野生型和赖氨酸缺陷型菌株分别接种在完全培养基试管斜面上,置于 28 ℃ 恒温培养箱中培养 5 天左右,至菌丝的上部有红色粉状分生孢子。

由于赖氨酸缺陷型在完全培养基上生长不好,因此,需适量添加赖氨酸。

### (二)接种杂交

在超净工作台上取野生型和赖氨酸缺陷型的少许分生孢子或菌丝接种到同一试管的杂交培养基上。在杂交培养基中放入一张灭菌的滤纸,把两种菌株接在滤纸的两侧以便杂交成功后收获子囊果。接种结束后,将试管放在 28 ℃ 的恒温培养箱中培养 2 周。当出现黑色的子囊果时,应及时进行镜检。野生型子囊孢子成熟后为黑色,赖氨酸缺陷型子囊孢子成熟较慢,因而呈灰色或浅灰色。在此过程中,一定要经常取材镜检,因为只有发育适中的子囊果才便于解剖和观察。

### (三)压片观察

将试管中长有子囊果的滤纸取出,放入盛有 5% 次氯酸钠溶液的培养皿中。取一载玻片,用接种针挑出子囊果,放在载玻片上(若附于子囊果上的分生孢子过多,可先在 5% 次氯酸钠溶液中洗涤,再移到载玻片上),用另一载玻片盖上,用手指压片,将子囊果压破,置于显微镜下,先在低倍镜下观察,后在高倍镜下观察,即可见一个子囊果中会散出 30~40 个子囊,像一串香蕉一样。可加一滴水或 5% 次氯酸钠溶液,用解剖针把子囊拨开。此过程不需无菌操作,但要注意不能使子囊孢子散出。观察过的载玻片、用过的镊子和接种针等都需放入 5% 苯酚溶液中浸泡后取出洗净,以防污染。

## 五、实验结果

(1) 观察一定数目的子囊果,记录每个杂交型完整子囊的类型,填入表 3-21-1 中,并计算出 Lys 基因的着丝粒距离,即基因和着丝粒的交换值。

表 3-21-1　杂交型完整子囊类型及数目

| 子 囊 类 型 | 孢 子 排 列 方 式 | 分 离 类 型 | 观 察 数 | 合 计 |
|---|---|---|---|---|
| 1 | ＋　＋　＋　＋　－　－　－　－ | 第一次分裂分离 |  |  |
| 2 | －　－　－　－　＋　＋　＋　＋ |  |  |  |
| 3 | ＋　＋　－　－　＋　＋　－　－ | 第二次分裂分离 |  |  |
| 4 | －　－　＋　＋　－　－　＋　＋ |  |  |  |
| 5 | ＋　＋　－　－　－　－　＋　＋ |  |  |  |
| 6 | －　－　＋　＋　＋　＋　－　－ |  |  |  |

$$交换值 = \frac{M_{\mathrm{II}} \times \frac{1}{2}}{M_{\mathrm{I}} + M_{\mathrm{II}}} \times 100\%$$

式中，$M_{\mathrm{I}}$ 代表第一次分裂分离的子囊数，$M_{\mathrm{II}}$ 代表第二次分裂分离的子囊数。

（2）绘制显微镜下观察到的杂交子囊图。

## 六、注意事项

（1）赖氨酸缺陷型菌株在完全培养基上生长不好，需适量添加赖氨酸。

（2）观察时期要适当。如偏早，所有子囊孢子都尚未成熟而呈白色；如过迟，则全为黑色，给观察结果带来困难。因此，在整个过程中一定要经常取材镜检，只有发育适中的子囊果才便于解剖和观察。

（3）在制片的过程中，不能使子囊孢子散出，以免无法分辨子囊类型。

（4）本次实验观察过的载玻片、用过的镊子等物品都需放入 5% 苯酚溶液中浸泡10 min，再取出清洗，以防污染。

## 七、思考题

粗糙脉孢菌的着丝粒与 $Lys$ 基因的实际距离为 7.3 cm，然而实验测得的结果往往偏大或者偏小，造成这种差异的主要原因有哪些？

## 八、参考文献

［1］杨大翔. 遗传学实验［M］. 北京：科学出版社，2004.

［2］张文霞，戴灼华. 遗传学实习指导［M］. 北京：高等教育出版社，2007.

［3］李雅轩，赵昕. 遗传学综合实验［M］. 北京：科学出版社，2006.

［4］闫桂琴，王华峰. 遗传学实验教程［M］. 北京：科学出版社，2010.

（山西农业大学　刘少贞）

# 第四部分

# 分子遗传学实验

## 实验二十二　植物总 DNA 的提取

### 一、实验目的

(1) 掌握植物总 DNA 的提取方法和基本原理。
(2) 学习根据不同的植物和实验要求设计和改良植物总 DNA 提取方法。

### 二、实验原理

在提取植物总 DNA 时,组织和细胞破碎通常采用机械研磨的方法。由于植物细胞匀浆含有多种酶(尤其是氧化酶),对 DNA 的抽提会产生不利的影响,在抽提液中需加入抗氧化剂或强还原剂(如巯基乙醇)以降低这些酶的活性。在液氮中研磨,材料易破碎,并可减少研磨过程中各种酶的作用。

十六烷基三甲基溴化铵(简称 CTAB)是一种阳离子去污剂,可溶解细胞膜和核膜蛋白,使核蛋白解聚,从而使 DNA 游离出来。再加入苯酚和氯仿等有机溶剂,能使蛋白质变性,并使抽提液分相,因核酸(DNA、RNA)水溶性很强,经离心后即可从抽提液中除去细胞碎片和大部分蛋白质。上清液中加入无水乙醇使 DNA 沉淀,沉淀的 DNA 溶于 TE 缓冲液中,可得到植物总 DNA 溶液。

### 三、实验材料、器材与试剂

#### (一) 实验材料

玉米种子。

#### (二) 实验器材

恒温水浴锅、高速离心机、高压蒸汽灭菌锅、紫外分光光度计、超净工作台、恒温培养箱、普通冰箱、超低温冰箱、移液枪、研钵、离心管、指形管、培养皿、蛭石、剪刀、称量纸、容量瓶、一次性手套、锥形瓶、量筒(100 mL)、烧杯、纸巾、电吹风、胶带等。

#### (三) 实验试剂

液氮、2% CTAB 抽提液、氯仿、异戊醇、异丙醇、无水乙醇、琼脂糖、三羟甲基氨基甲烷

(Tris)、硼酸、EDTA、溴酚蓝、蔗糖、EB、DNA Marker(λDNA)、RNase A(10 μg/μL)、0.5×TE 缓冲液等。

2% CTAB 抽提液的配制:取 CTAB 4 g、NaCl 16.364 g、1 mol/L Tris-HCl 溶液 20 mL(pH 8.0)、0.5 mol/L EDTA 溶液 8 mL,先用 70 mL 双蒸水溶解,再制成 200 mL 溶液,灭菌;冷却后加 400 μL 0.2%~1% 的 2-巯基乙醇溶液(现用现加)。

氯仿-异戊醇(24:1)溶液的配制:取 96 mL 氯仿,加 4 mL 异戊醇,混匀。

## 四、实验内容

### (一)样品采集

选取籽粒饱满的玉米种子,用水浸泡 3~5 h,用蒸馏水冲洗,平铺于有蛭石的培养皿中,于 25 ℃恒温培养箱中进行暗培养,待幼苗长至 5~6 天后剪取叶片待用。若需保存,则应把叶片迅速装入自封袋,保存在−20 ℃以下。

### (二)DNA 抽提

(1) 将适量 2%CTAB 抽提液装入小烧杯,在 65 ℃水浴中预热。将氯仿-异戊醇(24:1)溶液置于普通冰箱中预冷。

(2) 取少量叶片(约 1 g),置于研钵中,加入液氮,研磨至粉末状。

(3) 将粉末装入 2 mL 灭菌离心管中,加入 700 μL 已预热的 2%CTAB 抽提液,轻轻振荡 1~2 min,使之混匀。

(4) 立刻置于 65 ℃的恒温水浴锅中,每隔 10 min 轻轻振荡一次,40 min 后取出。

(5) 冷却 2 min 后,加入 700 μL 预冷的氯仿-异戊醇(24:1)溶液,上下轻轻振荡 2~3 min,使两者混合均匀。

(6) 将混合液放入离心机中,12000 r/min 离心 10 min。

(7) 用移液枪缓慢吸取上清液 500~700 μL,置于另一离心管中。此步操作应非常小心,注意不要吸得过多、过快,避免振荡,以免吸入蛋白质而造成污染;如果离心层因振荡引起上清液混浊,将影响提取效果,此时需要再离心。

(8) 在该离心管内再加入预冷的异丙醇 330~470 μL,将离心管慢慢上下振荡 30 s,使异丙醇与水充分混合至能见到 DNA 絮状物。如溶液中 DNA 含量较低,将会观察到管中含有白色悬浮的 DNA 颗粒;如样品中 DNA 含量较高,则可观察到白色絮状的 DNA 悬浮于溶液中。

(9) 将溶液以 2000 r/min 离心 2 min,小心倒掉上清液,加入 10~20 mL 无水乙醇,轻轻转动离心管使 DNA 沉淀悬浮起来,洗涤至少 20 min,以除去各种杂质。

(10) 重复上一步操作,进行二次洗涤。

(11) 在悬浮液中加入 5 μL RNase A(10 μg/μL),37 ℃放置 10 min,除去 RNA。

(12) 悬浮液以 2000 r/min 离心 10 min,小心倒掉上清液,使离心管底部略高,横放在铺开的纸巾上,在超净工作台上用电吹风吹干 DNA 或在室温下使 DNA 沉淀干燥。

(13) 在 DNA 沉淀中加入 1000~1500 μL 0.5×TE 缓冲液,待其溶解,分装于指形管中。

(14) 短期保存时置于 4 ℃冰箱中,长期保存置于−80 ℃冰箱中。

（三）DNA 质量检测

DNA 浓度和质量检测可以用紫外分光光度计的吸光度值（A）来判断,其步骤如下。

（1）对 DNA 溶液样品进行稀释,一般稀释 100 倍。

（2）取 DNA 稀释液测定 $A_{260}$ 与 $A_{280}$。按 1 个吸光度单位相当于 50 ng/μL 计算基因组 DNA 原液的浓度,即 50 ng/μL×$A_{260}$×稀释倍数。

（3）计算 $A_{260}/A_{280}$ 值。

（4）DNA 质量检测。

DNA 在 260 nm 波长处吸收非常强,只有在存在高水平蛋白质污染的情况下才会引起 $A_{260}/A_{280}$ 值的大幅度改变。$A_{260}/A_{280}<1.8$,表示蛋白质含量较高;$A_{260}/A_{280}>2.0$,表示 RNA 含量较高;$A_{260}/A_{280}=1.8\sim2.0$,表示 DNA 较纯。

## 五、实验作业

（1）提取玉米苗叶片的 DNA,并用琼脂糖凝胶电泳检测其质量。

（2）分析实验过程中可能出现的现象,并写出原因。

## 六、参考文献

[1] 李荣华,夏岩石,刘顺枝,等. 改进的 CTAB 提取植物 DNA 方法[J]. 实验室研究与探索,2009,28(9):14-16.

[2] 何雪娇,郑涛,苏金强,等. 改良 CTAB 法提取野牡丹科 7 种植物 DNA[J]. 广东农业科学,2011,38(18):120-122.

[3] [美]Sambrook J,Russell D W. 分子克隆实验指南[M].黄培堂,等译. 3 版.北京:科学出版社,2002.

[4] 杜何为,黄敏,张祖新,等. 玉米 DNA 的小量快速提取[J]. 玉米科学,2004,12(2):114-115.

[5] 王艳,李韶山,刘颂豪,等. 植物总 DNA 样品的快速制备[J]. 激光生物学报,2000,9(1):79-80.

（河西学院　张有富）

# 实验二十三　动物组织总 DNA 的提取

## 一、实验目的

（1）掌握苯酚-氯仿抽提法提取动物组织总 DNA 的原理和基本操作方法。

（2）了解分子遗传学实验常用仪器设备及其使用方法。

## 二、实验原理

DNA 是染色体的主要成分,是遗传的物质基础。DNA 结构和功能的研究是当今遗传学研究的主要内容之一,它对阐明遗传和变异的本质等研究具有重要的指导意义。若要研究 DNA 的理化性质、结构及功能之间的关系,首先必须从生物组织中提取 DNA。因此,基因组 DNA 的提取是分子遗传学实验技术中最重要、最基本的操作之一。

DNA 在生物组织中常常以核蛋白的形式存在细胞核中,其相对分子质量较大,如人的染色体 DNA 的相对分子质量约为 $6×10^{10}$,单倍体 23 条染色体有大约 30 亿个碱基。因此,在提取时要求尽量保持 DNA 大分子的完整性;要注意保持 DNA 的纯度,去除杂质和蛋白质;要防止细胞内 DNA 酶对 DNA 的降解。

真核生物的一切有核细胞(包括培养细胞)都能用来制备基因组 DNA。DNA 在纯水中的溶解度较大,但不溶解于有机溶剂。本实验采用 SDS 法提取 DNA。SDS(十二烷基磺酸钠)是一种阴离子去垢剂,高浓度的 SDS 在较高温度(55～65 ℃)条件下可裂解细胞,破坏细胞膜、核膜,使染色体离析,蛋白质变性,DNA 从蛋白质上游离出来。而加入蛋白酶 K 可将蛋白质降解成小肽或氨基酸,使 DNA 分子完整地分离出来。在添加 EDTA 环境下螯合二价金属离子抑制细胞中 DNase 的活性;然后通过提高盐浓度及降低温度使蛋白质及多糖杂质沉淀,离心除去沉淀后,上清液中的 DNA 再用苯酚、氯仿、异戊醇混合液反复抽提,以去除 DNA 中的蛋白质,进行纯化;最后添加醋酸钠溶液和 2 倍体积的无水乙醇沉淀水相中的 DNA,用 70% 乙醇洗涤 2 次,即可得到细胞核 DNA 的粗制品。

DNA 粗制品中一般含有一定量的 RNA、残存的蛋白质和寡核苷酸片段,可加入 RNase 消除,也可进一步采用电泳法除去杂质,得到高度纯化的 DNA。

## 三、实验材料、器材与试剂

### (一) 实验材料

新鲜动物(牡蛎)肌肉组织或其冻存样本。

图 4-23-1　高速离心机

### (二) 实验器材

高速离心机(图 4-23-1)、冰箱、研钵、移液枪(10 μL、100 μL、1000 μL)及配套枪头、电热恒温水槽(DK-8D)、精密电子天平(JJ500)、离心管(1.5 mL)、眼科剪等。

### (三) 实验试剂

DNA 提取液、TE 缓冲液、液氮、Tris 饱和酚(pH＞7.4)、SDS、Tris、EDTA-Na$_2$、RNase A、无水乙醇、苯酚、氯仿、异戊醇、70% 乙醇、蛋白酶 K(20 mg/mL)、醋酸钠溶液(3 mol/L,pH 5.2)等。

常用试剂配制方法如下。

(1) DNA 提取液:配制 100 mL DNA 提取液,需要

1 mol/L Tris-HCl(pH 8.0)1 mL、0.5 mol/L EDTA 溶液(pH 8.0)20 mL、10％ SDS 溶液 10 mL,然后定容到 100 mL,高压灭菌后常温保存。

(2) 1 mol/L Tris-HCl(pH 8.0):将 121 g Tris 溶于 800 mL 双蒸水中,用 HCl 溶液调 pH 到 8.0,定容至 1000 mL,高压灭菌。

(3) 0.5 mol/L EDTA 溶液(pH 8.0):将 186 g EDTA 溶于 800 mL 双蒸水中,用 NaOH 溶液调 pH 到 8.0,定容至 1000 mL,高压灭菌。

(4) 10％SDS 溶液:将 100 g SDS 溶于 900 mL 双蒸水中,加热至 68 ℃使其溶解,用 HCl 溶液调 pH 到 7.2,定容至 1000 mL。

(5) TE 缓冲液:取 10 mL 0.1 mol/L Tris-HCl(pH 8.0)与 2 mL 0.5 mol/L EDTA(pH 8.0),用双蒸水定容至 1000 mL,高压灭菌。

(6) 100 mg/mL RNaseA 溶液:称取 1 g RNaseA,再吸取 100 $\mu$L 1 mol/L Tris-HCl(pH 7.5)和 150 $\mu$L 1 mol/L NaCl 溶液中,用双蒸水定容至 10 mL,煮沸 10 min,室温冷却后,储存于－20 ℃冰箱中。

(7) 蛋白酶 K 溶液(20 mg/mL):将 200 mg 蛋白酶 K 加入 9.5 mL 水中,轻轻振荡,直至蛋白酶 K 完全溶解(不要涡旋混合)。加水定容到 10 mL,然后分装成小份,储存于－20 ℃冰箱中。

(8) 醋酸钠溶液(3 mol/L,pH 5.2):在 80 mL 水中溶解 408.1 g 三水醋酸钠,用冰醋酸调节 pH 至 5.2 或用稀醋酸调节 pH 至 7.0,加水定容到 1000 mL,分装后高压灭菌。

## 四、实验内容

### 1. 样品消化

(1) 取样:用精密电子天平称取 100 mg 牡蛎肌肉组织,放入 1.5 mL 离心管中,并用眼科剪将其剪碎(或置于－80 ℃预冷研钵中,加入液氮,研磨至粉末状),加入 600 $\mu$L DNA 提取液和 10 $\mu$L 蛋白酶 K 溶液(20 mg/mL)后充分混匀。

(2) 裂解:待混匀后,将离心管放入 55 ℃电热恒温水槽中加热,每 15 min 翻转一次,1～3 h 后待样品裂解成澄清黏稠状液体后取出。

### 2. 抽提

(1) 第一次抽提:裂解后的样品加入 600 $\mu$L Tris 饱和酚(pH＞7.4)于离心管中,抽提(轻轻混匀)10 min,然后以 12000 r/min 离心 10 min。

(2) 第二次抽提:使用移液枪小心吸出上清液,置于新的离心管中,加入等体积苯酚-氯仿-异戊醇(体积比为 25∶24∶1)混合液,轻轻混匀 10 min,再以 12000 r/min 离心 10 min。

(3) 第三次抽提:使用移液枪小心吸出上清液,置于新的离心管中,加入等体积氯仿-异戊醇(体积比为 24∶1)混合液,轻轻混匀 10 min,再以 12000 r/min 离心 10 min。

### 3. 沉淀 DNA

使用移液枪定量吸取上清液,加入 1/5 体积的醋酸钠溶液(3 mol/L,pH5.2)、2 倍体积的冰冻无水乙醇,按一个方向平行快速摇动离心管,促使 DNA 沉淀。

### 4. 洗涤

弃去上清液,用 70％乙醇洗涤沉淀 2～3 次后去除乙醇溶液,常温晾干。

**5. 保存**

加入 100~200 $\mu$L TE 缓冲液溶解成母液(4 ℃或－20 ℃保存备用)。

**6. 去除 RNA 干扰**

加入 2 $\mu$L 100 mg/mL RNase A 溶液,轻轻混匀后,放入 37 ℃电热恒温水槽中加热 1 h。

## 五、实验结果与分析

严格遵守操作规则,获得白色沉淀或白色絮状沉淀,并针对实验结果分析原因。

## 六、注意事项

(1) 为了尽可能避免 DNA 大分子的断裂,在实验过程中剪碎组织和匀浆的时间尽量短些。

(2) 注意把握动物组织消化时间。时间过短,则消化效果不好;时间过长,则 DNA 会降解。

(3) 离心操作时样品要平衡放置。

(4) 用苯酚-氯仿异戊醇混合液抽提时勿剧烈振荡,以防止 DNA 链断裂。

(5) 苯酚、氯仿是强烈的蛋白质变性剂,实验时将离心管盖好或戴手套操作,以免伤害到皮肤。

(6) 清洗 DNA 沉淀时,不要将 DNA 丢失。

## 七、思考题

(1) DNA 提取液中各成分的作用是什么?

(2) DNA 提取过程中的关键步骤是什么? 为什么?

(3) 如何防止 DNA 样品降解?

(4) 如何去除 DNA 粗提物中的杂质?

## 八、参考文献

[1] [美]萨姆布鲁克 J,弗里奇 E F,曼尼阿蒂斯 T 著. 分子克隆实验指南[M]. 金冬雁,黎孟枫,等译. 2 版. 北京:科学出版社,1992.

[2] 卢圣栋. 现代分子生物学实验技术[M]. 2 版. 北京:中国协和医科大学出版社,1999.

[3] 卢健. 细胞与分子生物学实验教程[M]. 北京:人民卫生出版社,2010.

[4] 郭善利,刘林德. 遗传学实验教程[M]. 北京:科学出版社,2004.

[5] 李雅轩,赵昕. 遗传学综合实验[M]. 北京:科学出版社,2006.

[6] 王建波,方呈祥,鄢慧民,等. 遗传学实验教程[M]. 武汉:武汉大学出版社,2004.

(大连海洋大学　仇雪梅)

# 实验二十四　琼脂糖凝胶电泳检测 DNA

## 一、实验目的

（1）了解琼脂糖凝胶电泳的基本原理。

（2）掌握琼脂糖凝胶电泳法检测 DNA 片段的方法。

## 二、实验原理

### （一）琼脂糖凝胶

琼脂糖是一种天然聚合长链分子,琼脂糖凝胶可以形成具有刚性网状结构的滤孔,使其具有分子筛功效,它的孔径取决于琼脂糖的浓度。

### （二）电泳

电泳是带电粒子在电场中向与其电性相反的电极移动的现象。电泳技术是遗传学尤其是分子遗传学研究的重要方法之一。利用电泳技术可以分离很多物质,如核酸、核苷酸、氨基酸等。电泳按介质不同分为自由电泳和区带电泳两大类,其中常用的区带电泳是指在固体支持物上所进行的电泳,如琼脂糖凝胶电泳、聚丙烯酰胺凝胶电泳等。

### （三）琼脂糖凝胶电泳

DNA 分子在碱性缓冲液中带负电荷,在外加电场作用下向正极泳动。又因糖-磷酸骨架在结构上的重复性质,相同相对分子质量的双链 DNA 分子几乎具有等量的净电荷,因此它们能以同样的速度向正极方向移动。由于 DNA 分子在琼脂糖凝胶中泳动时的电荷效应和分子筛效应,不同大小和构象的 DNA 分子被分开。琼脂糖凝胶电泳可用于分离长度为 100 bp 至近 60 kb 的 DNA 分子,是一种简单有效的凝胶电泳技术。不同浓度的琼脂糖凝胶适用于分离不同大小的 DNA 分子(表 4-24-1)。琼脂糖凝胶电泳不仅可以分离相对分子质量不同的 DNA分子,也可以分离相对分子质量相同、构象不同的 DNA 分子,如超螺旋的共价闭合环状质粒DNA(CC DNA)、开环质粒 DNA(OC DNA)、线状质粒 DNA(L DNA)。

表 4-24-1　琼脂糖凝胶的浓度及其分离的 DNA 分子的大小

| 琼脂糖凝胶的浓度/(%) | 线性 DNA 分子的有效分离范围/kb |
| --- | --- |
| 0.3 | 5～60 |
| 0.6 | 1～20 |
| 0.7 | 0.8～10 |
| 0.9 | 0.5～7 |
| 1.2 | 0.4～6 |
| 1.5 | 0.2～4 |
| 2.0 | 0.1～3 |

Goldview 是一种荧光染料,可以插入核酸碱基之间,在紫外线下显荧光。电泳结果可用核酸染料显示。

## 三、实验材料、器材与试剂

### (一) 实验材料

太平洋牡蛎(*Crassostrea gigas*)基因组溶液。

### (二) 实验器材

10 μL 移液枪及枪头、精密电子天平、1.5 mL 离心管、烧杯、玻璃棒、250 mL 锥形瓶、电泳槽、电泳仪(图 4-24-1)、微波炉、凝胶成像系统(图 4-24-2)等。

图 4-24-1　电泳仪

图 4-24-2　凝胶成像系统

### (三) 实验试剂

双蒸水、核酸染料、溴酚蓝、λ*Hind* Ⅲ DNA Marker、10×加样缓冲液等。所需配制的溶液如下。

(1) 50× TAE 电泳缓冲液:取 242 g Tris、51.7 mL 冰醋酸、100 mL 0.5 mol/L EDTA 溶液(pH 8.0),加去离子水至 1000 mL,室温下保存备用,使用时稀释 50 倍即为工作液。

(2) 1‰琼脂糖凝胶液:取 1 g 琼脂糖,加 100 mL 1×TAE 电泳缓冲液,微波炉加热溶化后,加入 10 μL Goldview 核酸染料。

## 四、实验内容

(1) 琼脂糖凝胶的制备:将电泳槽洗净,擦干,置于水平制胶台上,插入梳子(注意梳子不能插到槽底)。

称量 1 g 琼脂糖粉末,置于锥形瓶中,加入 1×TAE 100 mL,摇匀后,在微波炉中加热,直至粉末完全熔解透明。在冷却至 60 ℃时,加入 10 μL Goldview 核酸染料,轻轻混匀,待用。将混匀的 1‰琼脂糖凝胶液缓缓倒入洁净的电泳槽中,直至槽中形成厚 5 mm 左右的胶层(注意不要形成气泡)。最后,将凝固好的胶放入电泳槽,加样孔朝阴极方向,向电泳槽中加入电泳缓冲液,至没过胶面 2 mm 左右,轻轻取出梳子。

(2) 加样:DNA 样品中按 2∶1 的比例加入 10×加样缓冲液,混匀后,向各加样孔加样 3 μL。另外,一般需在每个加样孔中单独加 5 μL λ*Hind* Ⅲ DNA Marker,用来估计 DNA 片段(或基因组)的大小和浓度。

（3）电泳：接通电泳槽与电泳仪（注意正负极），DNA 的迁移率与电压成正比，电压不超过 5 V/cm。当溴酚蓝染料前沿距凝胶尾端 1～2 cm 时，停止电泳。

（4）结果观察：用 Dark Reader 或凝胶成像系统拍照，观察电泳结果（图 4-24-3），初步确定所提取的 DNA 的片段大小与质量。

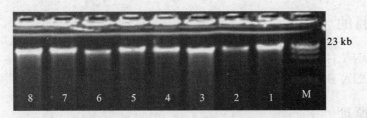

23 kb

**图 4-24-3　牡蛎基因组琼脂糖凝胶电泳图**

1,2,…,8—样品；M—λ*Hind* Ⅲ DNA Marker

## 五、实验结果与分析

（1）观察太平洋牡蛎基因组琼脂糖凝胶电泳结果，用凝胶成像系统拍照，并把 DNA 相对分子质量和样品 DNA 编号标记出来。

（2）针对实验获得的太平洋牡蛎基因组琼脂糖凝胶电泳结果（图上的条带大小、明亮程度等）给予分析。

## 六、注意事项

（1）浇注琼脂糖凝胶时要厚薄均匀，时间要足够。

（2）点样孔要大小适宜，防止样品外溢。

（3）点样时注意深度，防止渗透。

（4）由于紫外线照射会降低 DNA 互补杂交的能力，因此应尽量缩短凝胶在紫外灯下的暴露和照射时间。

## 七、思考题

（1）实验过程中，加样孔应靠近哪一极？为什么？

（2）若电泳结束后，胶板上什么也没有，可能是什么原因？

## 八、参考文献

[1] 张贵友，吴琼，林琳. 普通遗传学实验指导[M]. 北京：清华大学出版社，2003.

[2] 卢圣栋. 现代分子生物学实验技术[M]. 2 版. 北京：中国协和医科大学出版社，1999.

[3] 郭善利，刘林德. 遗传学实验教程[M]. 北京：科学出版社，2004.

[4] 李雅轩，赵昕. 遗传学综合实验[M]. 北京：科学出版社，2006.

（大连海洋大学　仇雪梅）

# 实验二十五　DNA 目的片段的回收和纯化

## 一、实验目的

(1) 掌握 DNA 目的片段(基因序列)回收和纯化的原理。

(2) 掌握 DNA 目的片段(基因序列)回收和纯化的方法。

## 二、实验原理

DNA 在碱性的溶液中带有负电荷,因此,在电场作用下朝正极移动。在琼脂糖凝胶中电泳时,由于琼脂糖凝胶具有一定的孔径,长度不同的 DNA 分子所受凝胶的阻遏作用大小不一,迁移的速度不同,从而可以按照相对分子质量的大小得到有效分离。

溴化乙锭(EB)是一种核酸染料,分子扁平,能插入 DNA 或 RNA 分子的相邻碱基之间,并在 300 nm 波长的紫外线照射下发出荧光。把含有 DNA 分子的凝胶浸泡在含溴化乙锭的溶液中,或将溴化乙锭加入凝胶介质中,此种染料便会在一切可能的部位与 DNA 分子结合,然而不会与琼脂糖凝胶结合。因此,只有 DNA 分子能吸收溴化乙锭并发出荧光。

## 三、实验材料、器材与试剂

### (一) 实验材料

纯度达标的基因组 DNA($A_{260}/A_{280}$ 在 1.8～2.0 范围内)。

### (二) 实验器材

PCR 仪、电泳仪、水平电泳槽、凝胶成像系统、pH 计、超微量分光光度计、灯箱、Eppendorf 加热模块、涡旋仪、微量离心机、带盖离心管(100 $\mu L$、200 $\mu L$)、微波炉、电子天平(感量 0.0001 g)、口罩、大头针、移液枪、医用橡胶手套、PE 手套、锥形瓶(250 mL)、DNA 制备管、容量瓶(100 mL)。

### (三) 试剂

Taq DNA 聚合酶、6×DNA Loading Buffer、dNTPs、PCR 缓冲液(含 $Mg^{2+}$)、双蒸水、琼脂糖、Tris、硼酸、EDTA-Na$_2$、液态石蜡、溴化乙锭(EB)染料、DNA Marker、琼脂糖凝胶 DNA 回收试剂盒。

EB 染液的配法:用电子天平称取溴化乙锭(EB)0.2000 g,加入双蒸水 20 mL,充分搅拌使之完全溶解,成为澄清、红色溶液,分装,4 ℃保存。

## 四、实验内容

### (一) DNA 目的片段扩增

(1) 合成引物。根据需要,利用 Primer Premier 5.0 软件设计引物,包括正向引物和反向引物。并把设计好的引物序列送引物合成公司合成。

（2）DNA 模板准备。将提取的基因组总 DNA,用超微量分光光度计测定 DNA 浓度,取适量,用双蒸水稀释至 50 ng/μL。

（3）PCR 扩增。取已灭菌的 100 μL 带盖离心管,按表 4-25-1(以某公司 DNA 聚合酶试剂盒为例)在冰上依次加入 PCR 体系组分,最后加 1～2 滴液态石蜡。

表 4-25-1　PCR 体系

| 成　　　分 | 体积/μL | 最 终 浓 度 |
|---|---|---|
| 双蒸水 | 56 | |
| 缓冲液(5×Buffer) | 20 | 1× |
| 2.5 mmol/L dNTPs | 8 | 0.2 mmol/L |
| DNA 模板 | 10 | 5 ng/μL |
| 引物 1 | 2 | 0.2 μmol/L |
| 引物 2 | 2 | 0.2 μmol/L |
| DNA 聚合酶 | 2 | 2.5 U |
| 合计 | 100 | |

将加好 PCR 体系的离心管盖好盖子,涡旋 5 s,用微量离心机离心 5 s,放入 PCR 仪,设置 PCR 扩增程序,进行 PCR。

PCR 扩增程序:①95 ℃,2 min;②95 ℃,20 s;③退火温度,20 s;④72 ℃,1～3 min(当目的片段大于 1 kb 时,延伸时间按 0.5 min/kb 计算);⑤72 ℃,5 min;⑥10 ℃。其中,步骤②～④需要 25～30 个循环。

（二）DNA 目的片段的电泳分离

（1）配制电泳缓冲液(Tris-硼酸-EDTA 缓冲液)。称取 10.78 g Tris、5.500 g 硼酸、0.930 g EDTA-Na$_2$,溶于双蒸水,用 pH 计调 pH 为 8.3,定容到 100 mL,用时稀释 10 倍。

（2）制作琼脂糖凝胶。取 250 mL 锥形瓶,称取琼脂糖 1.0 g,加入稀释的电泳缓冲液 100 mL,用微波炉加热溶解,配制成 1% 琼脂糖凝胶液。待稍凉但凝胶尚未凝固,加入配制好的 EB 染液 2.5 μL,晃动混匀。事先将电泳模板两端密封,插入梳子。将上述凝胶倒入电泳模板,用大头针赶走凝胶中的气泡。待凝胶彻底凝固,用双手捏住梳子的两端,轻轻拔出梳子。

（3）电泳分离。将凝胶放入水平电泳槽,加入电泳缓冲液,使之刚能漫过凝胶。将扩增好的 PCR 产物从 PCR 仪中取出,按 0.2 μL/μL(PCR 产物)的比例加入 6×DNA Loading Buffer 涡旋,用微量离心机离心。用 100 μL 移液枪将 PCR 产物加入凝胶的点样孔,每孔加入 30 μL,并在最后的点样孔中加入 DNA Marker 15 μL。接通电泳仪电源,设置电场强度为 200 V/cm,开始电泳。当电泳指示剂 6×DNA Loading Buffer 的条带迁移到凝胶的中下部位置时,结束电泳。

（4）凝胶拍照。戴好 PE 手套,将凝胶轻轻拿出电泳仪,放到凝胶成像系统中,打开紫外灯,拍照。

**(三)DNA 目的片段的回收**

(1)切胶。将凝胶放到灯箱上,打开紫外灯,用刀片轻轻切下紫外灯下发光的 DNA 目的片段,切碎,放入 2.0 mL 离心管(试剂盒内提供)中。

(2)熔胶。拿出事先订购的琼脂糖凝胶 DNA 回收试剂盒,在离心管中加入 3 倍凝胶体积的 Buffer DE-A,混匀后,放至已预热至 75 ℃的 Eppendorf 加热模块上,直至凝胶完全熔化。

(3)DNA 目的片段回收纯化。加入 0.5 倍 Buffer DE-A 体积的 Buffer DE-B,混匀,将混合液转移到 DNA 制备管(置于 2 mL 离心管)中,12000 r/min 离心 1 min,弃去滤液。将制备管放回 2 mL 离心管中,加 500 μL Buffer $W_1$,12000 r/min 离心 30 s,弃去滤液。将制备管放回 2 mL 离心管,加 700 μL Buffer $W_2$,12000 r/min 离心 30 s,弃去滤液。用 700 μL Buffer $W_2$ 再次洗涤 DNA,12000 r/min 离心 30 s,弃去滤液。将制备管放回 2 mL 离心管,12000 r/min 离心 1 min。将制备管置于洁净的 1.5 mL 离心管中,在制备膜中央加 25~30 μL Eluent(试剂盒内提供)或双蒸水,室温静置 1 min,置于 65 ℃ Eppendorf 加热模块上 30 s,12000 r/min 离心 1 min,洗脱 DNA。丢弃制备管,将 1.5 mL 离心管中的 DNA 在−18 ℃下保存。

**(四)注意事项**

(1)PCR 扩增中,在延伸阶段,延伸时间要根据 DNA 目的片段的大小进行调整。一般按照 2 kb/min 进行调整。

(2)对于琼脂糖凝胶,要根据 DNA 目的片段的大小调整浓度。若片段小,凝胶浓度应该大些,如配制 1.5%的凝胶;如果片段大,凝胶浓度应该小些,如配制 0.8%的凝胶。凝胶做好后,尽量在短期内用完。用剩的用保鲜膜包裹保存,以防止失水开裂。

(3)溴化乙锭具有致癌作用,在配制 EB 染液或做凝胶时,一定戴口罩和医用橡胶手套,外加 PE 手套。

## 五、实验作业

(1)对 DNA 目的片段进行 PCR 扩增,并进行回收纯化,用超微量分光光度计检测其质量。

(2)分析回收的 DNA 目的片段纯度较高(或较低)的原因。

## 六、参考文献

[1] 朱玉贤,李毅,郑晓峰,等.现代分子生物学[M].4 版.北京:高等教育出版社,2013.

[2] 魏群.分子生物学实验指导[M].2 版.北京:高等教育出版社,2007.

[3] [美]Sambrook J,Russell D W.分子克隆实验指南[M].黄培堂,等译.3 版.北京:科学出版社,2002.

[4] 王雅美.小麦胚乳 ADP-葡萄糖转运蛋白编码基因 *TaBT1* 的遗传效应和育种选择研究[D].北京:中国农业科学院,2018.

(河西学院　张有富)

# 实验二十六　聚合酶链式反应(PCR)实验方法

## 一、实验目的

(1) 掌握聚合酶链式反应(PCR)的基本原理及实验技术。

(2) 了解 PCR 的特点和影响因素。

(3) 了解 PCR 在生物学领域中的应用。

## 二、实验原理

PCR 技术是由 Kary Mullis 于 1985 年创立的,他因此于 1993 年获得诺贝尔化学奖。PCR 技术的基本原理类似于 DNA 的天然复制过程,其特异性依赖于与靶序列两端互补的寡核苷酸引物。PCR 由变性、退火、延伸三个基本反应步骤构成。①模板 DNA 的变性:将模板 DNA 加热至 94 ℃左右,一定时间后,模板 DNA 双链或经 PCR 扩增形成的双链 DNA 解离,成为单链,便于与引物结合,为下一步反应作准备。②模板 DNA 与引物的退火(复性):模板 DNA 经加热变性成单链后,温度降至 55 ℃左右,引物与模板 DNA 单链的互补序列配对结合。③引物的延伸:DNA 模板-引物结合物在 Taq DNA 聚合酶的作用下,以 dNTP 为反应原料,靶序列为模板,按碱基配对与半保留复制原理,合成一条新的与模板 DNA 链互补的半保留复制链,重复循环变性→退火→延伸过程,就可获得更多的半保留复制链,而且这种新链又可成为下次循环的模板。每完成一个循环需 2～4 min,2～3 h 就能将待反应的目的基因扩增几百万倍。该技术广泛应用于分子克隆、遗传病的基因诊断等领域。

## 三、实验材料、器材与试剂

小鼠基因组溶液、DNA 模板、上下游引物、无菌双蒸水、TAE 缓冲液、I 型核酸染色剂、Taq 试剂盒、DNA Marker、PCR 管、PE 手套、移液枪、枪头、微量离心机、PCR 仪(图 4-26-1)、电泳仪、凝胶成像系统等。

## 四、实验内容

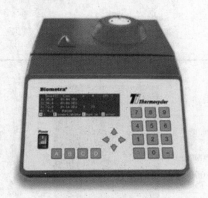

**图 4-26-1　PCR 仪**

### (一) 引物设计与合成

根据 GenBank 上发表的猪的内参基因 *GAPDH* 和 *aP2* 基因序列,使用 Primer Premier 5.0 软件设计引物,去获取小鼠的 *GAPDH* 和 *aP2* 基因序列,预期产物大小分别为 463 bp、234 bp,引物序列分别为:

上游引物:5′TGATGCCTTTGTGGGAACCTG 3′;

下游引物:5′TTCCTGTCGTCTGCGGTGATT 3′;

上游引物:5′ACCACAGTCCATGCCATCAC 3′;

下游引物:5′TCCACCACCCTGTTGCTGTA 3′.

## （二）PCR 扩增

### 1. 引物的稀释

将引物短暂离心后,进行稀释(引物储存浓度为 100 $\mu$mol/L,使用浓度为 10 $\mu$mol/L),于 $-20$ ℃保存。

### 2. PCR 扩增反应体系

(1) 采用 20 $\mu$L 的反应体系。

| | |
|---|---|
| DNA 模板 | 1.0 $\mu$L |
| 上游引物 F(10 $\mu$mol/L) | 0.5 $\mu$L |
| 下游引物 R(10 $\mu$mol/L) | 0.5 $\mu$L |
| 2×Master Mix | 10 $\mu$L |
| 双蒸水 | 8.0 $\mu$L |

(2) 2×Master Mix。

| | |
|---|---|
| Taq DNA 聚合酶 | 0.05 U/$\mu$L |
| $MgCl_2$ | 4 mmol/L |
| dNTP | 0.4 mmol/L |

### 3. PCR 扩增反应条件

调整好反应程序,将上述混合物稍加离心,置于 PCR 仪上执行扩增。扩增条件如表4-26-1所示。

表 4-26-1　PCR 扩增条件

| 步骤 | 温度/℃ | 时间 | 循环次数 |
|---|---|---|---|
| 预变性 | 94 | 90 s | |
| 变性 | 94 | 30 s | |
| 退火 | 55.3 | 30 s | 30 |
| 延伸 | 72 | 1 min | |
| 最后延伸 | 72 | 5 min | |

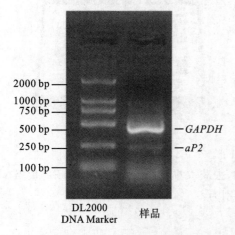

2000 bp
1000 bp
750 bp
500 bp — GAPDH
250 bp — aP2
100 bp

DL2000
DNA Marker　　样品

图 4-26-2　小鼠 *GAPDH* 基因和
*aP2*基因 PCR 电泳图

# 五、实验结果与分析

从每个反应管中分别取 5 $\mu$L 扩增产物(PCR 试剂盒中已预先加入上样缓冲液),直接加样于 1%琼脂糖凝胶上,另有一孔加 5 $\mu$L 100 bp DNA Marker 作参照,5 cm/V 电泳 15 min。电泳结束后于凝胶成像系统上观察条带,见图 4-26-2。分析 PCR 产物的量、引物扩增的特异性及扩增基因片段的大小。

# 六、注意事项

PCR 在一个没有 DNA 污染的环境中进行,所有试剂都应没有受到核酸和核酸酶的污染,操作过程中应戴手套。

## 七、思考题

（1）详述 PCR 的原理，分析影响反应的因素。

（2）PCR 体系中哪些量可以更改？根据什么情况更改？为什么？

（3）PCR 在生物医药方面有哪些具体应用？

## 八、参考文献

［1］张贵友，吴琼，林琳. 普通遗传学实验指导［M］. 北京：清华大学出版社，2003.

［2］王建波，方呈祥，鄢慧民，等. 遗传学实验教程［M］. 武汉：武汉大学出版社，2004.

［3］卢龙斗，常重杰. 遗传学实验［M］. 2 版. 北京：科学出版社，2014.

［4］穆国俊，杨先泉. 遗传学实验教程［M］. 北京：中国农业大学出版社，2012.

（延安大学　栗现芳）

# 实验二十七　动物组织总 RNA 的提取及 cDNA 的合成

## 一、实验目的

（1）掌握动物组织总 RNA 提取的原理及基本方法。

（2）掌握 cDNA 合成的原理及基本方法。

## 二、实验原理

真核生物的总 RNA 是各类 RNA 的总称，主要包括 mRNA（信使 RNA）、tRNA（转运 RNA）和 rRNA（核糖体 RNA）。细胞内的 RNA 通常与蛋白质结合，以核蛋白（RNP）的形式存在。因此提取 RNA 时，必须将蛋白质变性，使其与 RNA 分离，然后将 RNA 同其他细胞成分分离。本实验选用 Trizol 法分离提取动物组织的总 RNA，该法分离提取的 RNA 产率高、纯度好且不易降解。Trizol 试剂的主要成分为异硫氰酸胍和苯酚，其主要作用是裂解细胞，促进 RNP 解离，使 RNA 与蛋白质分离并释放到溶液中。同时，能够抑制内源和外源 RNase，保证 RNA 的完整性。当加入氯仿时，它可抽提水相里参与的苯酚，而酸性苯酚可促使 RNA 进入水相，离心后形成水相层和有机层。因此，RNA 主要溶解于水相层，而 DNA 和蛋白质等其他生物分子仍留在有机相。最后吸取水相层并利用异丙醇沉淀其中的 RNA，用 70% 的乙醇洗涤后利用 DEPC 处理水将 RNA 溶解。

cDNA（complementary DNA）是指与某 RNA 碱基序列成互补关系的 DNA。与基因组 DNA 相比，cDNA 没有内含子而只有外显子的序列。cDNA 一般是在体外以相应 RNA 为模板，在适当引物的存在下，由逆转录酶进行逆转录（又称反转录）反应而合成。逆转录反应所用引物主要有 Oligo(dT)引物、随机引物和基因特异性引物。Oligo(dT)引物为寡聚胸腺嘧啶核苷,一般长度为 12~18 nt,主要逆转录具有 poly A 尾巴的 mRNA。随机引物为 6 个随机核甘酸序列的混合物,可以逆转录任一类型的 RNA。基因特异性引物是针对特异 RNA 而设计的引物,仅逆转录特异基因的 RNA。目前,真核生物的 mRNA 或其他类型 RNA 的 cDNA 广泛地应用于生命科学及医学等领域。

## 三、实验材料、器材与试剂

### (一) 实验材料

小鼠新鲜的肝脏组织(或其他动物组织)。

### (二) 实验器材

高速冷冻离心机、恒温水浴锅、移液枪、离心管(1.5 mL、2.0 mL)、紫外分光光度计、电泳仪、匀浆器、超净工作台等。

### (三) 实验试剂

Trizol 试剂、氯仿、异丙醇、无水乙醇、焦碳酸二乙酯(DEPC)处理水、无 RNase 的去离子水、M-MLV 逆转录酶、dNTP 混合液、5×M-MLV RT Reaction Buffer、RNase 抑制剂、逆转录引物等。

## 四、实验内容

### (一) 提取总 RNA

(1) 取 50~100 mg 小鼠新鲜的肝脏组织,放入 2.0 mL 离心管中,加入 1 mL Trizol 试剂,利用匀浆器将组织破碎,室温下静置 5 min。

(2) 在离心管中,加入 0.2 mL 氯仿(按照每 1 mL Trizol 加 0.2 mL 氯仿的比例),盖上管盖,涡旋振荡 15 s,在室温下静置 2~3 min 后,12000 r/min 离心 15 min。

(3) 利用移液枪小心吸取上层 1/3 ~ 2/3 水相,置于新的离心管中,加入等体积的异丙醇,颠倒混匀,室温静置 10 min,然后在 2~8 ℃下 12000 r/min 离心 10 min。

(4) 弃去上清液,加入 1 mL 用 DEPC 处理水配制的 70% 乙醇悬浮沉淀,在 2~8 ℃下 7500 r/min 离心 5 min。

(5) 弃去上清液,再进行短暂离心,利用移液枪小心吸取残留的乙醇溶液,将离心管开盖置于超净工作台通风柜(或其他通风处)3~5 min。

(6) 待沉淀晾干后,根据后续实验需要用适量 DEPC 处理水溶解 RNA 沉淀。

(7) 利用紫外分光光度计和凝胶电泳的方法检测 RNA 样品的浓度和质量。质量较好的总 RNA 在紫外分光光度检测时 $A_{260}/A_{280}$ 值为 1.9~2.0,凝胶电泳检测可见明显三条带(28S rRNA,18S rRNA,5S rRNA),并且 28S rRNA 条带亮度大约是 18S rRNA 条带亮度的两倍。最后,将 RNA 样品保存于 −80 ℃冰箱。

### (二) 合成 cDNA

(1) 在 200 μL PCR 管中,按表 4-27-1 配制 RNA-引物变性混合液。

**表 4-27-1　RNA-引物变性混合液的配制**

| 试　剂 | 用　量 |
|---|---|
| 总 RNA | 50 ng～1 μg |
| 逆转录引物 | 0.5～2 μL(根据引物浓度及使用说明) |
| 无 RNase 的去离子水 | 补足至 8 μL |

(2) 将 PCR 管 70 ℃水浴 5 min,然后迅速转移至冰上静置 2 min 以上。

(3) 将 PCR 管短暂离心后,按表 4-27-2 配制逆转录反应混合液。

**表 4-27-2　逆转录反应混合液的配制**

| 试　剂 | 用　量 |
|---|---|
| RNA-引物变性混合液 | 8 μL |
| 5×M-MLV RT Reaction Buffer | 4.0 μL |
| RNase 抑制剂(20 U/μL) | 1.0 μL |
| dNTP 混合液(10 mmol/L) | 1.0 μL |
| M-MLV 逆转录酶(200 U/μL) | 0.5 μL |
| 无 RNase 的去离子水 | 补足至 20 μL |

(4) 将 PCR 管短暂离心后,42 ℃水浴 90 min。

(5) 将 PCR 管 75 ℃水浴 15 min 以终止反应,然后在−20 ℃下保存。

## 五、注意事项

(1) RNA 极易被 RNase 降解,因此实验所需器材均需利用 DEPC 处理,匀浆器需在 180 ℃下烧烤 2 h,操作过程迅速,尽量缩短 RNA 样品在空气中的暴露时间。

(2) DEPC 具有致癌性,操作过程在通风柜中进行,并佩戴手套和口罩。

(3) 提取 RNA 过程中,加入氯仿离心后,溶液分为三层:上层为含有 RNA 的水相,中间层和下层为含有其他生物分子的有机相。中间层很薄,与上层界线不明显,因此在吸取上层水相时要小心操作,在满足实验需要的情况下宁少勿多,以避免不必要的污染。

(4) RNA 样品的风干要完全,即使有微量的乙醇残留也将影响后续实验。

## 六、思考题

(1) 如果 RNA 样品中污染了 DNA,可能的原因是什么?

(2) 若逆转录后的 cDNA 样品中含有 RNA,应如何处理或调整实验?

## 七、参考文献

[1] 文铁桥.基因工程原理[M].北京:科学出版社,2014.

[2] 陈丽梅.分子生物学实验[M].北京:科学出版社,2017.

[3] 李峰,贾建波.分子生物学实验[M].武汉:华中科技大学出版社,2015.

(哈尔滨工业大学　张凤伟)

# 实验二十八　CaCl₂法制备大肠杆菌感受态细胞

## 一、实验目的

(1) 了解感受态细胞的生理特性及制备条件。
(2) 掌握氯化钙法制备大肠杆菌感受态细胞的方法。

## 二、实验原理

质粒DNA只有转化到大肠杆菌细胞内才能得到扩增,而大肠杆菌转化实验的技术关键就是感受态细胞的制备。所谓感受态,是指通过物理或化学的方法诱导细菌,使其处于容易吸收外源DNA的生理状态,在基因工程技术中常采用氯化钙诱导的方法制备感受态细胞。其原理如下:首先,用于制备感受态细胞的菌株一般是限制-修饰系统缺陷的菌株,以防止受体菌对导入的外源DNA的切割;细菌处于0 ℃的氯化钙低渗溶液中,$Ca^{2+}$与细菌外膜磷脂在低温下形成液晶结构,后者经脉冲发生收缩作用,使细胞膜出现空隙,提高膜的通透性,从而使外源DNA分子能够容易地进入细胞内部;同时$Ca^{2+}$也是维持这种改变状态的必需条件(图4-28-1)。

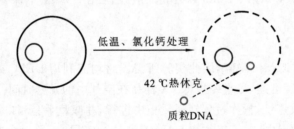

**图 4-28-1　转化实验示意图**

## 三、实验材料、器材与试剂

### (一) 实验材料

*Escherishia. coli* DH5α菌株($R^-$、$M^-$、$Amp^-$)。

### (二) 实验器材

恒温摇床、电热恒温培养箱、台式高速离心机、超净工作台、低温冰箱、恒温水浴锅、制冰机、分光光度计、培养皿、移液枪(100 μL、1000 μL)和枪头、200 μL Eppendorf管和1.5 mL离心管。

### (三) 实验试剂

(1) LB液体培养基:在100 mL蒸馏水中溶解1 g蛋白胨、0.5 g酵母粉、0.5 g氯化钠,调pH至7.5,高压灭菌。

（2）0.1 mol/L CaCl₂ 溶液：称取 1.12 g CaCl₂（无水，分析纯），溶于 50 mL 双蒸水中，定容至 100 mL，高压灭菌。

（3）含 15％甘油的 0.05 mol/L CaCl₂ 溶液：称取 0.56 g CaCl₂（无水，分析纯），溶于 50 mL 双蒸水中，加入 15 mL 甘油，定容至 100 mL，高压灭菌。

## 四、实验内容

### （一）受体菌的培养

（1）从 $-80\ ^\circ\text{C}$ 冰箱取出 *E. coli* DH5α 后，$37\ ^\circ\text{C}$ 熔解，在超净工作台上用固体 LB 培养基划线，$37\ ^\circ\text{C}$ 过夜培养。

（2）第二天从 LB 平板上挑取新活化的 *E. coli* DH5α 单菌落，接种于 5 mL LB 液体培养基中，$37\ ^\circ\text{C}$ 下 200 r/min 振荡培养过夜（12～16 h），直至对数生长后期。

（3）将该菌悬液以 1∶(50～100) 的比例接种于 100 mL LB 液体培养基中，$37\ ^\circ\text{C}$ 振荡培养 3～4 h。取 1 mL 培养液，以未接种的 LB 作空白对照，在分光光度计上测 $A_{600}$（$A_{600} = 0.4\sim0.5$），备用。

### （二）感受态细胞的制备

（1）在无菌条件下，将 1.2 mL 培养液转入 1.5 mL 预冷离心管中，冰上放置 10 min，然后于 $4\ ^\circ\text{C}$ 下 3000 r/min 离心 10 min。（从这一步开始，所有操作均在冰上进行，操作尽量快而稳。）

（2）弃去上清液，用预冷的 0.1 mol/L CaCl₂ 溶液 1 mL 轻轻悬浮细胞，冰上放置 15 min 后，$4\ ^\circ\text{C}$ 下 3000 r/min 离心 10 min。

（3）弃去上清液，用预冷的 0.1 mol/L CaCl₂ 溶液 1 mL 轻轻悬浮细胞，冰上放置 15 min 后，$4\ ^\circ\text{C}$ 下 3000 r/min 离心 10 min。

（4）弃去上清液，加入 200 μL 预冷、含 15％甘油的 0.05 mol/L CaCl₂ 溶液，轻轻悬浮细胞，冰上放置几分钟，即成感受态细胞悬液。

（5）将感受态细胞分装成 200 μL 的小份，储存于 $-70\ ^\circ\text{C}$，可保存半年。

## 五、实验结果与分析

受体菌的活化结果如图 4-28-2 所示，浓度梯度适宜。

制备的感受态细胞的质量要在后续的重组子转化和转化子的鉴定实验中获得。

## 六、注意事项

（1）用于制备感受态的细胞，其生长密度以刚进入对数生长期时为好。实验证明，对数生长期正是细胞最易诱导建立感受态的时期。细胞生长密度可通过监测培养液的 $A_{600}$ 来控制，一般 $A_{600}$ 为 0.5 时，可获得

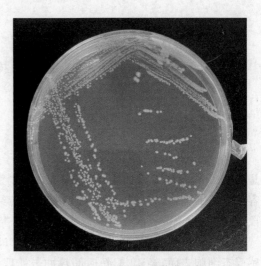

图 4-28-2　活化的受体菌平板

最佳转化效率。

（2）用于转化的质粒 DNA 应主要是超螺旋态 DNA。1 ng 超螺旋态 DNA 即可使 50 μL 感受态细胞达到饱和。一般情况下，转化时 DNA 溶液的体积不应超过感受态细胞体积的 5％。

（3）感受态细胞应一次性使用，不能反复冻融。一般情况下，−80 ℃冰箱保存的感受态细胞在半年内使用。

（4）整个操作过程均应在无菌条件下进行，防止污染，所用试剂、器皿须经高压灭菌处理。

## 七、参考文献

[1] [美]萨姆布鲁克 J，拉塞尔 D W. 分子克隆实验指南[M]. 黄培堂主译. 精编版. 北京：化学工业出版社，2008.

[2] [美]萨姆布鲁克 J，弗里奇 E F，曼尼阿蒂斯 T. 分子克隆实验指南[M]. 金冬雁，黎孟枫，等译. 2 版. 北京：科学出版社，1992.

[3] 李文化. $Ca^{2+}$ 诱导大肠杆菌摄取外源 DNA 的研究[D]. 武汉：武汉大学，2004.

[4] 唐颜苹，王小媚，何薇，等. 大肠杆菌感受态细胞保存条件的研究[J]. 华中农业大学学报，2008，27(6)：745-748.

[5] 吴海燕，谢应桂，何雄斌，等. 快速准确制备大肠杆菌高效感受态细胞中有关 $OD_{600}$ 值的探讨[J]. 湘南学院学报(医学版)，2006，8(3)：13-15.

[6] 杨坤，巩振辉，李大伟. 大肠杆菌高效感受态细胞的制备及快捷转化体系的建立[J]. 北方园艺，2010，14：127-130.

（大连海洋大学　仇雪梅）

# 实验二十九　重组 DNA 转化及其转化子的鉴定

## 一、实验目的

（1）掌握重组 DNA 转化感受态受体菌的技术。
（2）掌握蓝白斑筛选法筛选重组子的技术。

## 二、实验原理

转化(transformation)是将外源 DNA 分子引入受体细胞。转化过程所用的受体细胞一般是限制-修饰系统缺陷的变异株，即不含限制性内切酶和甲基化酶的突变体（$R^-$、$M^-$），它可以容忍外源 DNA 分子进入体内并稳定地遗传给后代。转化是使之获得新的遗传性状的一种手段，是微生物遗传、分子遗传、基因工程等研究领域的基本实验技术。

本实验采用热转化，将重组混合物中的 DNA 形成抗 DNase 的羟基-磷酸钙复合物，黏附于感受态细胞表面，经 42 ℃短时间热冲击处理，促使细胞吸收 DNA 复合物，在 LB 培养基上生长数小时后，球状细胞复原并分裂增殖。被转化的细菌中，重组子中基因得到表达，在选择性培养基平板上可选出所需的转化子。

　　pMD19-T Vector(图 4-29-1)是一种高效克隆 PCR 产物(TA cloning)的专用载体。本载体由 pUC19 载体改建而成,在 pUC19 载体的多克隆位点处的 *Xba* Ⅰ和 *Sal* Ⅰ识别位点之间插入了 *Eco*R Ⅴ识别位点,再在两侧的 3′端添加"T"。pUC19 载体具有分解氨苄青霉素(Amp$^r$)的基因,当它导入受体细胞后,就赋予这些受体细胞新的特性,即氨苄青霉素抗性。因此,转化受体菌后只有携带 pUC19 的转化子才能在含有氨苄青霉素的 LB 平板上存活下来,此为初步的抗性筛选。同时载体质粒上具有乳糖操纵的 β-半乳糖苷酶基因(*lac*Z),可以利用 α-互补现象筛选重组的转化子。pUC19 上带有 β-半乳糖苷酶基因(*lac*Z)的调控序列和 β-半乳糖苷酶 N 端 146 个氨基酸的编码序列。这个编码区中插入了一个多克隆位点(MCS),但并没有破坏 *lac*Z 的阅读框架,不影响其正常功能。受体菌 DH5α 菌株带有 β-半乳糖苷酶 C 端部分序列的编码信息。在各自独立的情况下,质粒 pUC19 和受体菌 DH5α 编码 β-半乳糖苷酶的片段都没有酶活性,但当 pUC19 和 DH5α 融为一体时,可形成具有酶活性的蛋白质,此即 α-互补现象。形成 α-互补的细菌能够产生有活性的 β-半乳糖苷酶,在 IPTG(异丙基硫代-β-D-半乳糖苷)诱导下,可将生色底物 X-gal(5-溴-4-氯-3-吲哚-β-D-半乳糖苷)分解,形成蓝色菌落。而当外源片段插入 pUC19 质粒的多克隆位点上后,会导致读码框架改变,表达蛋白失活,产生的氨基酸片段失去 α-互补能力。因此,在同样条件下含重组质粒的转化子在生色诱导培养基上只能形成白色菌落。

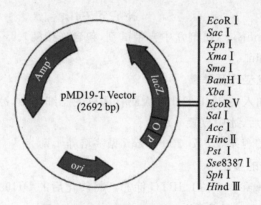

**图 4-29-1　pMD19-T Vector 的结构**

## 三、实验材料、器材与试剂

### (一) 实验材料

　　pMD19-T Vector、目的基因片段、Solution 连接酶、双蒸水、*E. coli* DH5α 菌株(R$^-$、M$^-$、Amp$^-$,感受态)。

### (二) 实验器材

　　快速混匀器、恒温水浴锅、制冰机、恒温摇床、台式离心机、超净工作台、恒温培养箱、移液枪、枪头、微量离心管(1.5 mL)、双面微量离心管架、培养皿(90 mm)、酒精灯、玻璃涂棒、小镊子、无菌牙签、摇菌管等。

## （三）实验试剂

（1）IPTG(异丙基硫代-β-D-半乳糖苷)：母液浓度为 100 mmol/L，工作浓度为 40 μL/20 mL(平板)。

（2）X-gal(5-溴-4-氯-3-吲哚-β-D-半乳糖苷)：母液浓度为 2％，工作浓度为 20 μL/20 mL (平板)，避光保存。

（3）LB 培养基：1％蛋白胨、0.5％酵母提取物、1％氯化钠。

（4）LB 固体培养基：1％蛋白胨、0.5％酵母提取物、1％氯化钠、1.5％琼脂。

（5）氨苄青霉素(Amp)：母液浓度为 100 mg/mL，工作浓度为 200 μL/200 mL(平板)。

（6）含 Amp 的 LB 固体培养基：将配制好的 LB 固体培养基高压灭菌后冷却至 60 ℃左右，加入 Amp 母液(100 mg/mL)，使终浓度为 100 μg/mL，摇匀后铺板。

# 四、实验内容

### 1. 重组 DNA 的构建

（1）在微量离心管中加入下列成分：

| | |
|---|---|
| pMD19-T Vector | 1 μL |
| Insert DNA | 1 μL(约 50 ng) |
| 双蒸水 | 补足至 5 μL |

（2）加入 5 μL Solution Ⅰ(试剂盒中自带试剂，包含连接酶)。

（3）16 ℃反应 30 min。

### 2. 重组 DNA 转化感受态受体菌

（1）将反应液全部加入 100 μL DH5α 大肠杆菌感受态细胞中，冰中放置 30 min。

（2）42 ℃加热 45 s 后，冰中放置 2 min。

（3）加 600 μL LB 培养基，37 ℃ 200 r/min 振荡培养 1 h。

### 3. 重组 DNA 转化子的鉴定

（1）先用 100 μL X-gal 和 20 μL IPTG 涂布。将转化后的 DH5α 大肠杆菌感受态细胞悬浮液 200 μL 涂布在 90 mm LB 平板上。

（2）平板在 37 ℃下正向放置 1 h 以吸收过多的液体，然后倒置培养过夜。

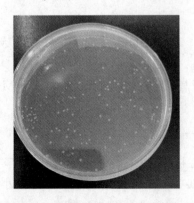

图 4-29-2　平板蓝白斑筛选鉴定转化子

（3）观察转化产物的涂布平板和培养后的结果。白色菌落即为阳性转化子。

（4）必要时，挑选白色菌落，可使用 PCR 法进一步确认载体中插入片段的大小。

# 五、实验结果与分析

（1）未转化的菌株不具有抗性，不能在筛选平板上生长。

（2）转化了 pUC19 的转化子能在含有氨苄青霉素的 LB 平板上生长(图 4-29-2)。

## 六、注意事项

(1) 用于制备感受态的细胞,其生长密度以刚进入对数生长期时为好。实验证明,对数生长期正是细胞最易诱导建立感受态的时期。细胞生长密度可通过监测培养液的 $A_{600}$ 来控制,一般 $A_{600}$ 为 0.5 时,可获得最佳转化效率。

(2) 感受态细胞应一次性使用,不能反复冻融。一般情况下,$-80$ ℃冰箱保存的感受态细胞在半年内使用。

(3) 整个操作过程均应在无菌条件下进行,防止污染,所用试剂、器皿须经高压灭菌处理。

## 七、思考题

(1) 影响制备感受态效价的因素有哪些?

(2) 影响重组 DNA 转化效率的因素有哪些?

## 八、参考文献

[1] [美]萨姆布鲁克 J,拉塞尔 D W.分子克隆实验指南[M].黄培堂主译.精编版.北京:化学工业出版社,2008.

[2] [美]萨姆布鲁克 J,弗里奇 E F,曼尼阿蒂斯 T.分子克隆实验指南[M].金冬雁,黎孟枫,等译.2 版.北京:科学出版社,1992.

[3] 李文化. $Ca^{2+}$ 诱导大肠杆菌摄取外源 DNA 的研究[D].武汉:武汉大学,2004.

[4] 唐颜苹,王小媚,何薇,等.大肠杆菌感受态细胞保存条件的研究[J].华中农业大学学报,2008,27(6):745-748.

[5] 吴海燕,谢应桂,何雄斌,等. 快速准确制备大肠杆菌高效感受态细胞中有关 $OD_{600}$ 值的探讨[J].湘南学院学报(医学版),2006,8(3):13-15.

[6] 杨坤,巩振辉,李大伟.大肠杆菌高效感受态细胞的制备及快捷转化体系的建立[J].北方园艺,2010,(14):127-130.

(大连海洋大学　仇雪梅)

# 第五部分

# 数量遗传学和群体遗传学实验

## 实验三十　质量性状遗传分析

### 一、实验目的

(1) 了解控制不同性状的基因分布情况。

(2) 掌握人类一些常见的质量性状及其遗传方式。

(3) 验证人类的一些常见性状是否由一对基因控制,是否符合孟德尔遗传定律。

### 二、实验原理

遗传学中把生物体所表现出来的形态结构、生理特征和行为方式等统称为性状,它是生物体总的表现性特征。孟德尔在研究豌豆等植物的性状遗传时,把植株所表现的性状总体分为各个单位作为研究对象,这样区分开来的性状称为单位性状。如豌豆的花色、种子形状、子叶颜色、豆荚形状、豆荚(未成熟)的颜色、花序着生部位和株高性状,就是 7 个不同的单位性状。同种生物同一单位性状的不同表现类型称为相对性状,如豌豆花色有白色和红色、绵羊的毛色有白毛和黑毛、小麦的抗锈病和染锈病、大麦的耐旱性和非耐旱性、人眼睛的不同颜色和不同肤色等。孟德尔在研究单位性状的遗传时,就是用具有明显差异的相对性状进行杂交实验,对后代进行比对分析找出差异,发现遗传规律。

质量性状是指同一种性状的不同表型之间不存在连续性的数量变化,而呈现质的中断性变化的那些性状。它由少数起决定作用的遗传基因所支配,如鸡羽的芦花斑纹和非芦花斑纹、水稻的粳与糯、角的有无、毛色、血型、遗传缺陷和遗传疾病等都属于质量性状,这类性状在表面上都显示质的差别。质量性状的差别可以比较容易地由分离定律和连锁定律来分析。

遗传分析也称为基因分析,是测定某一遗传性状的基因数目、基因性质、属于哪一连锁群及其在染色体上座位等的过程。如果认定某个突变型是基因突变的产物,可将它与野生型杂交,在其后代 $F_1$、$F_2$ 代中进行突变性状遗传动态的研究,突变基因对于野生型基因的显隐性关系,以及其他方面的性质乃至数量就可以估算出来。如变异性状在 $F_1$ 代表现为显性性状,在 $F_2$ 代出现 15：1 的分离比时,则与 2 个同义基因有关。基因数目、性质确定后,就可以进一步确定各个基因所属的连锁群和基因座位。将具有已知突变基因的系统与该突变系统杂交。统计测定 $F_2$ 代或杂交的分离比,如为连锁遗传,则这 2 个基因属于同一个连锁群。交换值表示相对距离。对于已知的 3 个基因,如果知其交换值,可从 3 个基因相互间的距离关系来了解排列顺序。

一对等位基因控制一对相对性状,孟德尔遗传定律是指等位基因的分离和非等位基因的自由组合,人类的性状遗传符合孟德尔遗传定律。等位基因的分离是指在杂合子细胞中,位于一对同源染色体上的等位基因具有一定的独立性,当细胞进行减数分裂时,等位基因会随着同源染色体的分离而分离,分别进入两个配子中,独立地随配子遗传给后代,其分配比为1：1。而位于非同源染色体上的非等位基因的分离和组合是互不干扰的,即非等位基因的自由组合定律。在减数分裂产生配子的过程中,同源染色体上的等位基因彼此分离,非同源染色体上的非等位基因自由组合,从而使得下一代中显性性状和隐性性状之比为3：1。

实际上由于许多不确定因素的作用,特别是后代群体不够大时,实验结果与理论计算值之间常常出现偏差。通常利用生物统计的 $\chi^2$ 检验方法分析差异的显著性,验证实验结果与理论值的符合度,$\chi^2$ 检验式如下:

$$\chi^2 = \sum \frac{(实得数-理论数)^2}{理论数}$$

然后查 $\chi^2$ 表,得出相应的 $P$ 值。统计学上认为,若 $P>0.05$,则差异不显著,实得数与理论数相一致;若 $P<0.05$,则差异显著,实得数与理论数不一致。

## 三、调查性状

表 5-30-1 列出了人类的一些常染色体显隐性状和疾病,可选择几种质量性状开展调查。

**表 5-30-1　人类的一些常染色体显隐性状和疾病**

| 隐 性 性 状 | 显 性 性 状 | 隐 性 性 状 | 显 性 性 状 |
|---|---|---|---|
| 白化现象 | 正常颜色(皮肤、毛发、眼睛) | 全色盲 | 正常 |
| 白色皮肤 | 黑色皮肤 | 无耳垂 | 有耳垂 |
| 同种颜色的头发 | 头发中有一缕白发 | 先天性耳聋 | 正常听觉 |
| 头发正常,褐色眼睛 | 男人秃顶,蓝色或黑色眼睛 | 薄嘴唇 | 厚嘴唇 |
| 舌头不能卷成槽型 | 舌头能卷成槽型 | 窄鼻孔 | 宽鼻孔 |
| 味盲 | 正常 | 矮而宽的鼻梁 | 高而窄的鼻梁 |
| 小眼睛 | 大眼睛 | 笔直的鼻子 | 大而凸的鼻子 |
| 短睫毛 | 长睫毛 | 直发 | 卷发 |
| 正常 | 偏头痛 | 指趾数正常 | 多指趾 |
| 血型 O | 血型 A、B、AB | 血友病 | 正常 |
| 单眼皮 | 双眼皮 | 有酒窝 | 无酒窝 |

## 四、实验内容

通过问卷调查、走访或从网上收集以上表格中的几种质量性状数据。

## 五、实验结果与分析

(1) 将所收集的数据填入表 5-30-2。

表 5-30-2　质量性状调查统计表

| 质量性状或疾病 | 显性人数 | 隐性人数 | 显性人数/隐性人数 | $\chi^2$ | $P$ 值 | 是否符合遗传定律 |
|---|---|---|---|---|---|---|
| | | | | | | |
| | | | | | | |

（2）对获得的数据进行统计和分析，如单眼皮的总人数、双眼皮的总人数、单眼皮人数与双眼皮人数之比。

（3）对所得的结果进行分析讨论。将实得数与理论数进行比较，看两者是否一致，如不一致则分析其可能的原因。

## 六、实验作业

（1）完成质量性状调查统计表。

（2）分析所调查的质量性状的遗传方式。

（3）解析所调查的群体是否处于平衡状态，为什么？

## 七、参考文献

［1］朱军.遗传学［M］.4 版.北京:中国农业出版社,2018.

［2］闫桂琴,王华峰.遗传学实验教程［M］.北京:科学出版社,2010.

（山西农业大学　许冬梅）

# 实验三十一　人类遗传性状的调查与分析

## 一、实验目的

（1）通过对人类群体遗传性状的基因频率的分析，了解群体基因频率测算的一般方法。

（2）加深对遗传平衡定律的理解，了解改变群体平衡的因素。

（3）掌握等位基因的分离和非等位基因的自由组合。

## 二、实验原理

人类的各种性状都是由特定的基因控制形成的，由于每个人的遗传基础不同，某一特殊的性状在不同的人体会出现不同的表现。通过一个特定人群的某一性状的调查，将调查材料进行整理分析，可以初步了解其性状的遗传方式、控制性状基因的性质，并能计算出该基因的频率。

人类有许多遗传性状是单基因性状，易于观察且具有典型的显隐性关系，在一定群体中进行调查可了解其遗传方式，并计算遗传多样性和遗传距离。常见调查性状如下。

（一）形态形状

（1）拇指类型：拇指竖直后能够向后弯曲与竖直方向成45°角称为过伸型，不能后伸的称为直型。

（2）发际：着生头发区域的边缘。在前额中央，发际向脑门处有一突出，呈三角形，这是由显性基因控制的，发际平齐的为隐性。

（3）发旋：俗称"顶"。头发在这一部位向右旋，即顺时针方向，是由显性基因所控制的，左旋为隐性。

（4）眼睑：俗称"眼皮"。双眼皮的形成由显性基因控制，单眼皮为隐性。

（5）睫毛：俗称"眼眨毛"。睫毛长的为显性基因所表达，睫毛短（或一般情况）为隐性。

（6）耳垂：耳垂下悬，与头部连接处向上凹陷，为显性基因所控制，即有耳垂性状。耳垂贴在头部，耳轮一直向下延续到头部，为隐性基因所控制，即无耳垂性状。

（7）鼻尖：常见的有钩状和直状。钩鼻尖的形成属显性性状，直鼻尖的形成属隐性性状。

（8）舌头：舌两边抬高，舌中部下垂，卷成如同英文字母U形。能卷的是显性，不能卷的为隐性。

（9）手：习惯用右手的称为右撇手，由显性基因控制；习惯用左手的称为左撇手，由隐性基因控制。

（10）食指和无名指：食指与无名指之间的长短关系表现为伴性遗传，控制基因位于X染色体上。食指短于无名指由隐性基因决定，所以男性含一个此种隐性基因就可表现，而女性则要有两个隐性基因存在才能表现。检查的方法是在纸上画一横线（坐标轴），手掌向下放于纸上，使中指指尖方向与横线垂直，无名指指尖与横线相齐，看此时食指指尖是在横线的上方还是下方。

（11）小指：将两手自然平放于桌上，肌肉放松，小指最末关节此时向无名指方向弯曲的由显性基因决定，不能弯曲的为隐性。

（12）中指：中指第一指节表面皮肤有、无毛。有毛的为显性表达，无毛的为隐性表达。

（13）扣手：自然状态，双手合拢交叉，习惯性右手拇指在上是显性，左手拇指在上是隐性。

（14）交叉臂：自然状态，双手在胸前交叉，习惯性右手在上是显性，左手在上是隐性。

人类的遗传病有几千种，也有一些是发病率较高的单基因遗传病，如红绿色盲、白化病、高度近视等，通过家系调查或群体调查可了解其发病率及遗传方式。

（二）生理性状

（1）ABO血型，参照实验三十三。

（2）耳垢：耵聍性状是由位于人类第16号染色体上的 $ABCC11$ 基因决定的，该基因编码区的 rs17822931 位点出现两种SNP：湿耳垢为GGG，编码的氨基酸为Gly；干耳垢为AGG，编码的氨基酸为Arg。湿耳垢为显性，其等位基因型为GA/GG；干耳垢为隐性，其等位基因型为AA。

耵聍（dīng níng）：外耳道内皮脂腺分泌的蜡状物质，黄色，有润湿耳内细毛和防止昆虫进入耳内的作用。通称耳垢，俗称"耳屎"。

## 三、实验材料与器材

### (一)实验材料

参与实验人员的各种相关性状。

### (二)实验器材

纸和笔。

## 四、实验内容

查阅资料设计实验方案,调查并收集资料数据,对收集的资料数据进行整理和分析,撰写调查研究报告。

## 五、实验结果与分析

(1)计算基因频率、基因型频率。

(2)通过 $\chi^2$ 检验鉴定调查群体是否遵守 Hardy-Weinberg 定律。

(3)计算遗传多样性。

① 基因多样度($H_e$):

$$H_e = 1 - \sum p_i^2$$

式中,$p_i$ 为群体中第 $i$ 等位基因频率。$H_e$ 值越大,表示群体多样性越高。

②有效等位基因数($N_e$):

$$N_e = 1 / \sum p_i^2$$

$N_e$ 越接近实际检测到的等位基因数,表明该等位基因在群体中分布越均匀。

(4)计算 Nei's 遗传距离。

①相似指数($I$):

$$I = J_{xy} / \sqrt{J_{xx} + J_{yy}}$$

其中 $$J_{xx} = (\sum x_i^2)/r, \quad J_{yy} = (\sum y_i^2)/r, \quad J_{xy} = (\sum x_i y_i)/r$$

式中,$x_i$、$y_i$ 分别表示 X 和 Y 群体中第 $i$ 等位基因频率,$r$ 表示基因座位数。

②遗传距离($D$):

$$D = -\ln I$$

## 六、注意事项

(1)观察到的性状应当是生来就有的,不能是通过美容手术、病变、训练等途径后天获得的。

(2)调查中,当子女之间或子女与父母之间表现相同性状时,要注意这些性状是否完全相同。

## 七、思考题

(1)在观察过程中有时会发现这种情况:有些人一只眼睛是双眼皮,另一只眼睛是单眼皮。这是为什么?

（2）如何开展人类遗传病基因传递规律的调查?

## 八、参考文献

[1] 杨大翔. 遗传学实验[M]. 北京:科学出版社,2004.

[2] 李雅轩,赵昕. 遗传学综合实验[M]. 北京:科学出版社,2006.

[3] 闫桂琴,王华峰. 遗传学实验教程[M]. 北京:科学出版社,2010.

[4] 周洲."人类遗传性状调查"实验教学改革研究[J].实验技术与管理,2021,38,(8):200-203.

（长治学院　秦永燕）

# 实验三十二　数量性状的遗传参数分析

## 一、实验目的

（1）以果蝇腹片着生的小刚毛为对象,研究数量性状遗传的特点。

（2）学习估算统计遗传学基本参数——遗传率。

## 二、实验原理

性状是生物的一切生理生化特征的总和。性状有质量性状和数量性状之分。质量性状指属性性状,即能观察而不能测量的性状,是指同一种性状的不同表型之间不存在连续性的数量变化,而呈现值的中断性变化的那些性状,它由少数起决定作用的遗传基因所支配。而数量性状是指在生物中可数、可度、可衡并可用数字形式描述的性状。如果蝇的体长、腹部倒数第二腹板和第三腹板上或腹侧板的小刚毛数就是典型的数量性状,不同的个体体长、小刚毛数不同。

数量性状的变异由可遗传的变异和不可遗传的变异组成。因为控制同一数量性状的基因数目很多,而每个基因的作用很小,并且很容易受环境影响,所以群体的表型变量通常呈连续分布。因此,对数量性状遗传的分析,要运用数理统计的方法来进行。

在对数量性状进行遗传分析时,常用方差（V）来度量群体内的变异程度。方差反映观察样本平均数之间的变异程度,观察样本平均数之间的偏差大,方差就大,也就是观察的离散度大,其分布范围广;方差小,则表示各个观察值之间比较接近。方差可用变数同平均数之间偏差的平均平方来表示,记作 $S^2$,如写成公式则为:

$$V = S^2 = \frac{\sum (X - \overline{X})^2}{n}$$

需要注意的是,公式中的分母 $n$ 只在平均数是由理论假定的时候才适用。如果平均数是从实际观察数计算出来的,则分母应该是 $n-1$。

遗传率分为广义遗传率和狭义遗传率。

广义遗传率就是遗传方差($V_G$)在总的表型方差($V_P$)中所占的比例,用公式表示为:

$$H = \frac{V_G}{V_P} \times 100\%$$

若观察的群体为 $F_n$ 代群体,$V_G = V_{F_2} - V_{F_1}$,$V_P = V_{F_2}$,$V_{F_1} = \frac{1}{2}(V_{P_1} + V_{P_2})$,则广义遗传率可用下述公式计算:

$$H^2 = \frac{V_{F_2} - \frac{1}{2}(V_{P_1} + V_{P_2})}{V_{F_2}} \times 100\%$$

因为遗传方差是由加性方差($V_A$)、显性方差($V_D$)和非等位基因间的上位性方差($V_i$)所组成,根据 $F_2$、$B_1(F_1 \times P_1)$、$B_2(F_1 \times P_2)$ 群体的方差组成分析,有狭义遗传率:

$$h^2 = \frac{V_A}{V_P} = \frac{2V_{F_2} - 2(V_{B_1} + V_{B_2})}{V_{F_2}} \times 100\%$$

## 三、实验材料、器材与试剂

### (一)实验材料

黑腹果蝇。

### (二)实验器材

双筒解剖镜、麻醉瓶、白瓷板、镊子、棉塞、培养瓶、恒温培养箱。

### (三)实验试剂

乙醚。

## 四、实验内容

(1)配制培养基(参考实验十四中表 3-14-4)。

(2)选处女蝇。为了操作方便,可提前处理培养瓶内的成蝇,收集 6～10 h 内羽化出来的果蝇,并用麻醉的方法将雌雄个体分开培养,以备杂交之需。(一般来说,刚羽化出来的果蝇在 12 h 内是不进行交配的,所以在这段时间内选出的雌蝇即为处女蝇。为了保险起见,在羽化后的 8 h 内挑选。为了操作方便,可以在每天晚上 22:00—23:00 将培养瓶内的成蝇杀死,次日早晨 8:00—9:00 对新羽化出的果蝇进行挑选,或早晨 8:00—9:00 将培养瓶内的成蝇杀死,下午 16:00—17:00 对新羽化出的果蝇进行挑选。)

(3)配制杂交组合,每个组合含雌蝇(处女蝇)、雄蝇各 10 只,放入培养瓶内(正反杂交组合中挑选果蝇腹部倒数第二、第三腹板小刚毛数最多的雌蝇,以及小刚毛数最少的雄蝇),统计杂交实验的亲本 10 对雌雄果蝇腹部倒数第二、第三腹板小刚毛数。在瓶上贴好标签,注明杂交内容、日期、实验组号等,然后将培养瓶放入 25 ℃培养箱内培养。

(4)7 天后,当发现培养瓶内有蛹出现时应立即将亲本处死以防发生回交。$F_1$ 代个体出现后,随机选出 50 只雌雄果蝇,麻醉,统计其腹部倒数第二、第三腹板小刚毛数。

(5)在一个新的培养瓶内放入 10 对 $F_1$ 代果蝇(雌、雄)配成 $F_1 \times F_1$。

(6)7 天后,当发现培养瓶内有蛹出现时,处死 $F_1$ 代亲本;再过 5 天,$F_2$ 代成蝇出现时,随机选出 100 只雌雄果蝇,麻醉,统计其腹部倒数第二、第三腹板小刚毛数。

### 五、实验结果与分析

（1）将实验数据填入表 5-32-1。

表 5-32-1 果蝇刚毛数统计表

| 日 期 | 代 数 | 果蝇（雌雄）数 | 小 刚 毛 数 |
| --- | --- | --- | --- |
|  |  |  |  |
|  |  |  |  |
|  |  |  |  |
|  |  |  |  |

（2）统计数据，绘制亲本、$F_1$ 代、$F_2$ 代果蝇腹部倒数第二、第三腹板小刚毛数的正态分布图。

（3）计算环境方差和遗传方差。

（4）计算刚毛的广义遗传率。

（5）将正交组与反交组的数据进行对比。

### 六、实验作业与思考题

（1）根据实验结果，写出实验报告，对实验过程中出现的各种问题进行讨论分析。

（2）简述果蝇的麻醉操作过程，如何判断果蝇已麻醉死亡？

（3）什么是数量性状？数量性状与质量性状之间有什么区别和联系？试述两者的遗传学本质。

（4）分析实验结果时，如果要分析狭义遗传率，还需要哪些数据？请自行设计实验方案。

（唐山师范学院 张连忠）

# 实验三十三 基因频率和基因型频率的计算

## 一、实验目的

（1）掌握 ABO 血型的鉴定方法。

（2）掌握基因频率和基因型频率的计算方法，加深对群体遗传学中遗传平衡定律的认识。

## 二、实验原理

在群体遗传学中，通过对群体的基因频率和基因型频率进行定量分析来表示群体的遗传组成，这样就可以研究一个群体世代之间的遗传变异情况。

基因型频率是指群体中某基因型的个体占群体中全部个体的比例，而基因频率指的是群体中某种等位基因的数量占全部等位基因总数的比例。在随机交配大群体内，若没有基因突变、选择、迁移、遗传漂变等因素的作用,群体的基因频率和基因型频率将代代相传,保持不变,这就是 Hardy-Weinberg 定律。在遵守 Hardy-Weinberg 定律的群体中,可以通过检测表型来计算基因频率。此外,也可以通过 $\chi^2$ 检验来鉴定某群体是否遵守 Hardy-Weinberg 定律。

如果常染色体的基因座位上有两种等位基因 A 和 a,那么个体在这个基因座位上存在三种基因型 AA、Aa、aa,假设这三种基因型频率分别为 $D$、$H$、$R$,而等位基因 A 和 a 频率分别为 $p$ 和 $q$,那么 $D+H+R=1$,并且 $p+q=1$。如果群体遵守 Hardy-Weinberg 定律,那么 $D=p^2$,$H=2pq$,$R=q^2$。由于 AA 和 Aa 表型一致,因此 $q$ 可以通过隐性纯合子基因型频率计算获得,即 $q=\sqrt{R}$,然后可计算 $p=1-q$。

如果某等位基因座位有三个复等位基因 $A_1$、$A_2$、$A_3$,假设它们的基因频率为 $p$、$q$、$r$,个体的基因型频率为 $F_{A_1A_1}$、$F_{A_1A_2}$、$F_{A_1A_3}$、$F_{A_2A_3}$、$F_{A_2A_2}$、$F_{A_3A_3}$,则有 $F_{A_1A_1}+F_{A_1A_2}+F_{A_1A_3}+F_{A_2A_3}+F_{A_2A_2}+F_{A_3A_3}=1$,且 $p+q+r=1$。人类的 ABO 血型是由三个复等位基因($I^A$、$I^B$、i)决定的。这三个复等位基因决定了红细胞表面抗原的特异性,它们存在于同源染色体的一个等位基因座位上。这三个复等位基因两两组合,产生四种表型(表 5-33-1)。假设 $O$、$A$、$B$ 分别为 O 血型、A 血型、B 血型的频率,$p$、$q$、$r$ 分别为等位基因 $I^B$、$I^A$、i 的频率。如果群体遵守 Hardy-Weinberg 定律,基因 i 的频率($r$)等于 O 血型频率的平方根,即 $r=\sqrt{O}$,那么进一步可计算出 $p=\sqrt{B+O}-r$,$q=1-p-r=\sqrt{A+O}-r$。

表 5-33-1　人类的血型及其基因型

| 血　型 | 基　因　型 |
|---|---|
| O | ii |
| A | $I^A I^A$ 或 $I^A i$ |
| B | $I^B I^B$ 或 $I^B i$ |
| AB | $I^A I^B$ |

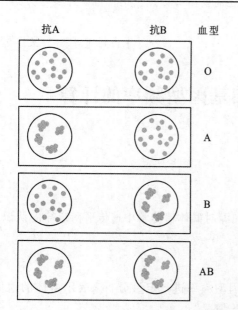

图 5-33-1　人类的 ABO 血型载玻片检查图

目前,通过红细胞凝集反应可判断人类的 ABO 血型(图 5-33-1)。红细胞凝集反应指的是相对应的抗原(凝集原)与抗体(凝集素)的免疫反应,使红细胞紧紧地粘连在一起,成为一簇簇不规则的细胞团的现象。

## 三、实验材料、器材与试剂

### (一)实验材料

全班学生指尖血。

### (二)实验器材

双凹玻片(或载玻片)、一次性刺血针、玻璃棒、酒精棉球、干棉球、记号笔、显微镜等。

### (三)实验试剂

标准血清。

## 四、实验内容

(1) 取一个干净双凹玻片,在左、右上角标好"A""B"字样,分别滴入抗 A(即 B 型)、抗 B(即 A 型)标准血清 1 滴。

(2) 使用酒精棉球将学生指尖和采血针消毒,待酒精挥发后采血。用干净玻璃棒两端各蘸取 1 滴血液,分别与一种标准血清充分混匀(切勿混用),室温下静置几分钟,观察是否有凝集反应。

(3) 根据凝集反应的有无,鉴定血型。

(4) 统计全班学生的血型。

## 五、实验结果与分析

(1) 根据凝集反应判断自己的血型。

(2) 将全班学生的血型进行统计分析,估计群体的基因频率。将统计数据填入表 5-33-2 中。

**表 5-33-2　群体血型统计**

| 血　　型 | 观察人数($O$) | 观察频率 | 期望频率 | 期望人数($E$) |
| --- | --- | --- | --- | --- |
| A | | | | |
| B | | | | |
| AB | | | | |
| O | | | | |
| 总计 | | | | |

(3) 进行 $\chi^2$ 检验,以鉴定该群体是否为平衡群体。如果不是平衡群体,讨论原因。计算公式为 $\chi^2 = \sum [(O-E)^2/E]$,查阅 $\chi^2$ 表,$\alpha = 0.05$,自由度等于表型数减去等位基因数。如果 $\chi^2 < \chi^2_{0.05}$,则 $P > 0.05$,差异不显著,即群体为平衡群体;反之,则为不平衡群体。

## 六、注意事项

(1) 所用器材必须干燥、清洁,防止溶血;为避免交叉污染,各器皿均以一次性使用为佳。

(2) 玻片等均应严格标记。

(3) 玻片法定型时,转动玻片动作要轻。注意防止悬浮液干涸,以免将玻片边缘干涸引起的红细胞凝集误认为抗原抗体反应凝集。玻片法反应时间不能短于 10 min,否则凝集不能出现,造成假阴性。

(4) 理论上 IgM 抗 A 和抗 B 与相应红细胞的反应以 4 ℃时最强,但为了防止冷凝集现象的干扰,一般仍在室温(20~24 ℃)内进行实验,37 ℃可使反应减弱。

(5) 注意区别真正的凝集反应和假凝集反应。如果红细胞聚集成团,虽经振荡或轻轻搅动亦不散开,则为真正凝集现象;如果红细胞散在均匀分布或虽似成团,一经振荡即散开,则为未凝集或假凝集现象。

## 七、思考题

（1）根据自己的血型，说明你能接受何种血型人的血液或输血给何种血型的人，为什么？

（2）遵守 Hardy-Weinberg 定律，平衡群体的基因频率和基因型频率表现出什么特点？

（3）如果有一人群，A 型血 390 人，B 型血 240 人，AB 型血 120 人，O 型血 250 人，试分析该群体是否平衡。

## 八、参考文献

赵凤娟，姚志刚. 遗传学实验[M]. 北京：化学工业出版社，2012.

（塔里木大学　王有武）

# 第六部分

# 遗传学的应用实验

## 实验三十四　植物单倍体的诱导与鉴定

### 一、实验目的

(1) 初步掌握植物花药培养诱导单倍体的原理、方法和技术要点。

(2) 学习植物单倍体的细胞学鉴定方法。

(3) 了解花药培养诱导单倍体在育种工作中的意义。

(4) 培养无菌操作的能力和意识。

### 二、实验原理

植物的无性繁殖和组织培养都说明,植物营养细胞是一个基本功能单位,具有潜在的再生性和全能性,能发育成完整植株,故应用组织培养技术对特定组织进行离体培养,可诱导产生单倍体。随着组织培养技术的发展,可把花药放在离体条件下培养,使花粉粒分裂增殖,不经受精而单性发育成单倍体植株。单倍体植株一般比正常二倍体植株矮小,染色体数为其亲本体细胞数($2n$)的一半($n$)。

花药培养诱导分化成苗大致需通过两条途径:一是胚状体途径,即花粉粒不断分裂形成细胞团,经过类似胚胎发育的过程形成胚状体,然后直接长出根和芽,如烟草、曼陀罗等;另一种是愈伤组织途径,培养的花药先形成一些无结构的细胞团,将其转移到分化培养基上,逐步分化出根和芽,最后形成完整植株,大多数植物的花药培养是通过这条途径进行的。

单倍体培养方法是将发育到一定阶段的花药、子房或幼胚,通过无菌操作接种在培养基上,使单倍体细胞分裂形成胚状体或愈伤组织,然后由胚状体发育成小苗或诱导愈伤组织发育为植株。植物花粉是由花粉母细胞经过减数分裂形成的单倍体细胞,由于其具有一套完整的染色体和控制所有性状发育的每一种基因,因此具有发展成为完整植株的能力。花药培养(anther culture)是指将花粉发育到一定阶段的完整花药接种到合成培养基上,并诱导形成单倍体,再生成完整植株的技术。

通过这种诱发单性生殖的方法,使植物或其杂交后的异质花粉粒长成单倍体植株,将获得的单倍体植株用秋水仙素加倍后,在一个世代中即可获得基因型纯合的个体,从中选出的优良纯合系,后代不会再发生分离,表现整齐一致,可缩短育种年限。同时还可以有效地创制纯合亲本系,更便于利用植物的杂种优势。单倍体植株中由隐性基因控制的性状,虽经染色体加倍,但由于没有显性基因的掩盖而容易显现。这对诱变育种和突变遗传研究很有好处。在育种工作中就可以有效地防止误选。在诱导频率较高时,单倍体能在植株上较充分地显现重组的配子类型,可提供新的遗传资源和选择材料。花药培养形成的植物,无论其花药来自 $F_1$ 代还是 $F_2$ 代,其当代植株都表现出极其丰富的多样性,其特征相互交叉,构成多种形态特征的花培株系。

影响植物花药培养的因素主要有供体植物的基因型、小孢子的发育阶段、培养基成分和培养条件。自从 1964 年印度德里大学 Guha 和 Maheshwari 从毛叶曼陀罗花药培养中获得单倍体植株,世界上许多国家都相继开展了单倍体研究工作。据不完全统计,通过花药培养已在 39 科 95 属 300 多种植物中获得单倍体植株。目前,我国的花药培养育种技术及应用范围在世界上都处于领先水平,并产生了极显著的经济效益。截至目前,我国育种工作者将单倍体育种技术与常规育种方法相结合,在世界上首次培育成功并大面积应用的单倍体植物有甘蔗、小麦、玉米、橡胶、甜菜、杨树和柑橘等农作物。单倍体育种如能进一步提高诱导频率并与杂交育种、诱变育种、远缘杂交等相结合应用,则在作物品种改良上的作用将更显著。

## 三、实验材料、器材与试剂

### (一)实验材料

(1)培养基成分及其母液的配制:普通小麦花药培养基常用改良的 $C_{17}$ 琼脂糖固体培养基,现将 $C_{17}$ 琼脂糖固体培养基母液的配制成分列于表 6-34-1 中。

表 6-34-1  $C_{17}$ 琼脂糖固体培养基成分

| 化 合 物 | 浓度/(mg/L) | 化 合 物 | 浓度/(mg/L) |
|---|---|---|---|
| $CaCl_2 \cdot 2H_2O$ | 150 | 甘氨酸 | 2 |
| $KNO_3$ | 1400 | 烟酸 | 0.5 |
| $MgSO_4 \cdot 7H_2O$ | 150 | 盐酸硫胺素 | 1.0 |
| $NH_4NO_3$ | 300 | 盐酸吡哆素 | 0.5 |
| $KH_2PO_4$ | 400 | 生物素 | 1.5 |
| $MnSO_4 \cdot 4H_2O$ | 11.2 | 肌醇 | 100 |
| $ZnSO_4 \cdot 7H_2O$ | 8.6 | 2,4-D | 2.0 |
| $H_3BO_3$ | 10 | KT | 0.5 |
| KI | 0.83 | 蔗糖 | 20000 |
| $CuSO_4 \cdot 5H_2O$ | 0.025 | 琼脂 | 7000 |
| $CoCl_2 \cdot 6H_2O$ | 0.025 | | |

(引自王志刚、魏凌基等,2001)

铁盐:称取 7.45 g EDTA-$Na_2$ 和 5.57 g $FeSO_4 \cdot 7H_2O$,溶于 1 L 水中,每升培养基取此液 5 mL。

(2)培养基配制:按表 6-34-1 中的顺序和吸取量,分别吸取母液于容量瓶中,然后将溶解好的蔗糖倒入,琼脂糖加水溶解后也倒入,而后用 1 mol/L HCl 溶液或 1 mol/L NaOH 溶液调 pH，最后加水定容至 1 L。

（3）实验材料的选择：小麦花药培养的适宜期是即将抽穗时的"大肚期"，此时麦芒已经出鞘但是幼穗还未露出叶鞘，花药处于单核靠边期。另外，为了能够更好地确定花粉发育时期，可在接种前先用改良苯酚品红染液染色，然后压片进行镜检，根据孕穗期外界的不同温度确定最佳外部形态。

## （二）实验器材

超净工作台、高压蒸汽灭菌锅、恒温培养箱、磁力搅拌器、显微镜、分析天平、剪刀、量筒、镊子、容量瓶、移液管、酒精灯、锥形瓶、pH 计、试管、烧杯、培养皿、载玻片、盖玻片、接种针、滤纸、小型喷雾器、刀片、纱布、封口膜、脱脂棉等。

器材包装灭菌：所需玻璃器皿先彻底清洗干净，然后采用高压蒸汽灭菌；金属器械使用前在 70％乙醇中浸泡，然后用酒精灯灼烧；超净工作台先擦干净，然后紫外照射 30 min，用时提前 20 min 打开鼓风机。

## （三）实验试剂

70％乙醇、0.2％氯化汞溶液、1 mol/L HCl 溶液、1 mol/L NaOH 溶液、蒸馏水、培养基各成分、无水乙醇、45％醋酸、改良苯酚品红染液（或醋酸洋红染液）、卡诺固定液等。

（1）改良苯酚品红染液配制如下。

A 液：称取 3 g 碱性品红，溶于 100 mL 70％乙醇中（该溶液可以长期保存）。

B 液：取 10 mL A 液，加入 90 mL 5％苯酚水溶液中（该溶液限 2 周内用完）。

取 45 mL B 液，加入 6 mL 冰醋酸及 6 mL 37％甲醛溶液，即可配制成苯酚品红染液。

取 10 mL 苯酚品红染液，加入 90 mL 45％醋酸和 1 g 山梨醇，即可配制成改良苯酚品红染液。

（2）卡诺固定液的配制如下。

配方Ⅰ：由 3 份无水乙醇与 1 份冰醋酸混合而成，此液易挥发，需现用现配，不能久存。

配方Ⅱ：由 6 份无水乙醇、2 份冰醋酸与 3 份氯仿混合而成。

配方Ⅰ适用于细胞核内 DNA 固定，配方Ⅱ适用于昆虫卵、蛔虫卵及植物组织的固定。固定时间为 1～24 h。长期保存需要转移到 70％乙醇中。

# 四、实验内容

## （一）预处理

将镜检合适的穗子用塑料膜包裹，放置在 4 ℃冰箱中低温预处理 4～5 天。

## （二）消毒灭菌

将已经准备好的培养基和灭菌的器材用 70％乙醇喷洒后，放在超净工作台上，打开紫外灯，照射 30 min。完后剥去预处理过的幼穗期叶鞘，将穗子剪下，置于 250 mL 烧杯中，用自来水冲洗 10 min，75％乙醇浸泡消毒 2 min，无菌水冲洗 2 次，再用 0.2％氯化汞溶液浸泡消毒 5 min，无菌水冲洗 4～5 次，每次 5 min，倒去无菌水，备用。注意实验时手要用 70％乙醇喷洗，然后用酒精棉球擦拭几次，方能上台操作。

### （三）接种

在超净工作台上,左手持穗子,右手用镊子取出花药,整齐地摆放到到盛有 $C_{17}$ 琼脂糖固体培养基(添加有 2,4-D,浓度为 1～3 mg/L)的培养皿上,每个培养皿内约 12 个花药,然后包扎好。注意花药分布要均匀,另外在接种瓶(或培养皿)上要写清楚花药的名称、接种日期和实验者的姓名。操作过程中动作要轻柔,不能使花药受到损伤,若受损伤,则应淘汰,因为损伤常常会刺激花粉壁形成二倍体的愈伤组织。

### （四）培养

将接种好的培养皿(瓶)放置在培养室诱导愈伤组织,先暗培养(22 ℃)6 天,再转入光照培养,温度 28 ℃,光照强度 6000 lx 左右,每天光照 12 h,培养 5 天后,花药变黑褐色,20 天花药裂开,长出淡黄色的愈伤组织。在相同 $C_{17}$ 琼脂糖固体培养基上再继代 1～2 次,每次间隔时间为 18～20 天,在此期间有污染的培养皿(瓶)要随时移走,进行消毒处理。

### （五）继代与植株再生

在超净工作台上将 0.5～1 cm 大小的愈伤组织块转入另外一个含有细胞分裂素的 MS 琼脂糖固体分化培养基(添加 6-BA,浓度为 2～3 mg/L;添加 IAA,浓度为 0.2～0.5 mg/L)的锥形瓶中,诱导器官分化和植株再生,诱导温度为(25±1) ℃,光照强度 2000 lx,光照时间为每天 16 h,经 2～3 周的培养,便分化出绿色不定芽,每 20 天继代一次,使幼苗茁壮生长。

### （六）单倍体小苗的移栽和生根

待分化苗长到 1～2 cm 高时,取生长旺盛、健壮、高接近 2.0 cm 的不定芽,小心分开接种于含有生根激素的培养基(改良 MS 培养基)上进行生根培养(添加生长素,浓度为 0.5～1 mg/L),每个锥形瓶接种 4～5 棵苗,诱导温度为(25±1) ℃,光照强度 2000 lx,光照时间为每天 16 h,约 1 周后即可长出根,形成完整植株,根系发达有利于幼苗移栽成活。

注意改良 MS 培养基的配制方法与 $C_{17}$ 琼脂糖固体培养基相同,只是成分有所变化,其成分和浓度见表 6-34-2。另外,微量元素、铁盐浓度和 $C_{17}$ 琼脂糖固体培养基内的相同。

表 6-34-2　改良 MS 培养基

| 化　合　物 | 浓度/(mg/L) | 化　合　物 | 浓度/(mg/L) |
|---|---|---|---|
| $KNO_3$ | 1900 | $CuSO_4 \cdot 5H_2O$ | 0.025 |
| $NH_4NO_3$ | 1650 | $CoCl_2 \cdot 6H_2O$ | 0.025 |
| $CaCl_2 \cdot 2H_2O$ | 440 | 肌醇 | 100 |
| $MgSO_4 \cdot 7H_2O$ | 370 | 烟酸 | 0.5 |
| $KH_2PO_4$ | 170 | 盐酸硫胺素 | 0.1 |
| KI | 0.83 | 盐酸吡哆素 | 0.5 |
| $MnSO_4 \cdot 4H_2O$ | 22.3 | 甘氨酸 | 2.0 |
| $H_3BO_3$ | 6.2 | 蔗糖 | 30000 |
| $ZnSO_4 \cdot 7H_2O$ | 8.6 | 琼脂 | 7000 |
| $Na_2MoO_4 \cdot 2H_2O$ | 0.25 | | |

(引自 Murashige,Skoog,1962)

铁盐:称取 7.45 g EDTA-Na$_2$ 和 5.57 g FeSO$_4$·7H$_2$O,溶于 1 L 水中,每升培养基取此液 6.5 mL。

### (七)炼苗与移栽

移栽前将已生根的外植体(不打开瓶口)移到自然光照下锻炼 2~3 天,让试管苗接受强光的照射,使其苗壮成长,然后打开瓶口,置于室内自然光下炼苗,并不断地往叶片上喷水,以防失水过多而干枯。当幼苗的根长到 2~3 cm 时开始移栽,适当推迟移栽能提高成活率。一般在炼苗 3 天后,取出生根苗,洗去根上附着的培养基,移入花盆中。移栽的基质有很多种类,一般选择透气、营养且方便取用的混合基质,基质一定要预先高压灭菌。例如,移栽到含1/3河沙、1/3田土及 1/3 蛭石(或珍珠岩)的基质上。出瓶后需注意保湿和遮阴,使其逐渐适应外界环境,湿度保持在 80% 左右,用 85% 的遮阴网遮阴 5~7 天后正常管理,一般成活率在 90% 以上。

### (八)单倍体植株的鉴定

在将上述所得单倍体植株移入花盆之前,剪去幼嫩根尖,进行固定、解离、染色、压片和观察等操作,鉴定染色体数目,同时与正常的二倍体植株的形态进行比较。

(1) 固定:用蒸馏水冲洗根尖 2 次,切去根尖末端(约 0.2 cm),投入卡诺固定液中,固定 12~24 h,然后用 95% 乙醇冲洗,最后换入 70% 乙醇保存。

(2) 解离:1 mol/L HCl 溶液 60 ℃解离 10 min,至根尖伸长区透明、分生区乳白为止,再用蒸馏水漂洗 3 次,每次 1 min。详细的操作步骤可参考根尖有丝分裂压片。

(3) 压片:切去根尖呈乳白色的区域,放置在载玻片上,采用十字交叉法压片。

(4) 染色:在载玻片放材料的位置加 1 滴改良苯酚品红染液(或醋酸洋红染液),染色 10 min。为了增加染色效果,可用烤片机在 60 ℃上烤片 3 min,烤片期间勿使染液蒸干。染色结束后,在载玻片放材料处加 1 滴染液,盖上盖玻片,然后在盖玻片上放一层大小适度的滤纸,吸干多余的染液,同时用铅笔(带有橡皮的一端)垂直轻敲盖玻片。

(5) 观察:先在低倍物镜下寻找,然后在高倍物镜下观察染色体的数目。

## 五、实验结果与分析

(1) 详细记录整个花药培养的过程。

(2) 拍下(或描绘出)胚状体或愈伤组织各时期的图像。

(3) 比较单倍体植株与二倍体植株的形态学和细胞学特征。

## 六、注意事项

(1) 配制培养基时,各种试剂称量要准确,同一母液内的各种成分要充分溶解,依次混合,最后定容。

(2) 各种母液必须严格单独装瓶,贴上标签并写明名称、稀释倍数、配制日期,最后保存于 4 ℃的冰箱中备用。

## 七、思考题

(1) 简述单倍体育种的用途。

（2）通过离体培养获得单倍体的途径有哪些？

（3）花药培养中如何选择外植体？

（4）花药培养与花粉培养有什么不同？

（5）花药培养过程中花药为什么要经过低温处理？

（6）花药培养时为什么要用较高浓度蔗糖和较低浓度激素？

（7）影响花粉、花药培养的因素有哪些？

## 八、参考文献

[1] 张贵友. 普通遗传学实验指导[M]. 北京:清华大学出版社,2003.

[2] 卢圣栋. 现代分子生物学实验技术[M]. 2版. 北京:中国协和医科大学出版社,1999.

[3] 郭善利,刘林德,遗传学实验教程[M]. 北京:科学出版社,2004.

[4] 李雅轩,赵昕. 遗传学综合实验[M]. 北京:科学出版社,2006.

（塔里木大学　王有武）

# 实验三十五　植物多倍体的诱发与鉴定

## 一、实验目的

（1）了解人工诱发植物多倍体的原理、方法及在植物育种上的意义。

（2）初步掌握秋水仙素诱发植物多倍体的方法。

（3）观察植物多倍体的形态特征及其细胞学特点。

## 二、实验原理

自然界各种生物的染色体数目是相当稳定的,这是物种的重要特征。植物多倍体(polyploid)是指植物体细胞中含有 3 个或 3 个以上染色体组的个体。遗传学上把一个配子的染色体数称为染色体组(或者基因组),用 $n$ 表示。一个染色体组内每个染色体的形态和功能虽各不相同,但又互相协调,共同控制生物的生长、发育、遗传和变异。细胞核内含有一套完整染色体组的生物体称为单倍体,以 $n$ 表示。含有两套染色体组的生物体称为二倍体,以 $2n$ 表示。含有多套染色体组的生物体称为多倍体,如三倍体($3n$)、四倍体($4n$)、六倍体($6n$)等。这类体细胞的染色体数为基本染色体的整数倍的个体称为整倍体。在整倍体中,如果增加的染色体组来自同一物种或是由原来染色体组加倍而得,称为同源多倍体。如果增加的染色体组来自不同物种,则称为异源多倍体。多倍体可自然发生,也可采用高温、低温、X 射线照射、嫁接和切断、化学药剂处理等人工方法诱发多倍体植物。化学药剂处理方法最为有效,如秋水仙素、萘嵌戊烷、植物激素等,均可诱发多倍体,其中应用最广、效果最好的是秋水仙素。秋水仙素是由百合科植物秋水仙(*Colchicum autumale*)的种子等器官提炼出来的一种生物碱,具有麻醉作用,对植物种子、幼芽、花蕾、花粉、嫩枝等可产生诱变作用。秋水仙素的分子式为 $C_{22}H_{25}NO_6$,常用的有效浓度为 $0.01\%\sim0.4\%$。纺锤丝主要化学成分为蛋白质,而蛋白质分子之间通过疏基形成二硫键从而聚合。秋水仙素通过抑制微管蛋白分子之间二硫键的形成，阻止蛋白质分子聚合，或使已构成纺锤丝的微管蛋白分子间发生解聚，从而阻止纺锤丝的形成或破坏纺锤丝，使染色体不能移动到两极，细胞不能分裂，最终导致染色体加倍。由多倍性组织分化产生的性细胞所产生的配子是多倍性的，因而也可通过有性繁殖方法把多倍体繁殖下去。

人工诱发的植物同源多倍体的主要特征如下：第一，减数分裂过程中染色体联会与分离不正常，分配不平衡，配子育性降低；第二，器官和细胞增大，如气孔、花粉粒、种子、果实等部分明显增大，气孔内叶绿体数目增加，气孔数目减少而密度变稀。鉴定多倍体植株的方法有形态学鉴定和细胞学鉴定两种。形态学鉴定是观测叶片气孔的保卫细胞及花、果实、种子的形态，花粉的大小及育性等性状的变异，这是一种间接的鉴定方法。细胞学鉴定是观察根尖、茎尖分生组织或花粉母细胞的染色体数目，这是一种直接的鉴定方法。在显微镜下观察细胞周期内染色体的大小时，通常需借助目镜测微尺和镜台测微尺。一般目镜测微尺的刻度全长为 5 mm，分成 50 格或 100 格。镜台测微尺的刻度全长 1 mm，分为 100 格。由于使用的显微镜放大倍数不同，目镜测微尺所代表的实际长度也不同，故使用前必须先求出目镜测微尺和镜台测微尺两者刻度间的换算值。其具体方法是在显微镜下把目镜中的目镜测微尺与载物台上的镜台测微尺两者的刻度线对准并重合，计算两者重合刻度线间的格数，然后按下式计算目镜测微尺每格长度：

目镜测微尺每格长度/$\mu$m＝重合线内的镜台测微尺格数/对应的目镜测微尺格数×10

在使用显微镜观测标本时，移去镜台测微尺，根据目镜测微尺量出被测物体的格数，乘以换算值，即得实际长度（$\mu$m）。当变换显微镜的目镜或物镜放大倍数时，须重新计算换算值。注意：不同的显微镜即使放大倍数相同，或同一显微镜非同一次使用，都必须分别计算其换算值。

多倍体已成功地应用于植物育种，用人工方法诱导的多倍体可以得到一般二倍体所没有的优良经济性状，如粗大、穗长、抗病性强等。三倍体西瓜、三倍体甜菜、八倍体小黑麦已在生产上大面积推广应用。

## 三、实验材料、器材与试剂

### （一）实验材料

水稻（*Oryza sativa*，2n＝24）、大麦（*Hordeum vulgare*，2n＝14）、黑麦（*Secale cereale*，2n＝14）、亚洲棉（*Gossypium arboreum*，2n＝26）、西瓜（*Citrullus vulgaris*，2n＝22）、蚕豆（*Vicia faba*，2n＝12）、洋葱（*Allium cepa*，2n＝16）、大蒜（*Allium sativum*，2n＝16）。

### （二）实验器材

显微镜、培养皿、盖玻片、载玻片、解剖针、测微尺、烧杯、试管（10 mL）、白瓷盘、镊子、刀片、纱布、吸水纸、生化培养箱等。

### （三）实验试剂

秋水仙素、改良苯酚品红染液（或醋酸洋红染液）、无水乙醇、70％乙醇、45％冰醋酸、1％碘-碘化钾溶液、1 mol/L HCl 溶液、0.1％秋水仙素溶液、0.01％秋水仙素溶液、0.05％秋水仙素溶液、卡诺固定液、$AgNO_3$溶液等。

1%秋水仙素母液:称取 1 g 秋水仙素,先用少量乙醇溶解,再用蒸馏水稀释至 100 mL。

# 四、实验内容

## (一) 多倍体的诱发

**1. 水稻、大麦**

取已有 5~6 叶的水稻或大麦幼苗,洗净根部,用刀片在分蘖处割一浅伤口,然后浸入 0.05%秋水仙素溶液中,在 20~25 ℃条件下处理 4~5 天,并保持足够的光照。处理后用水洗净幼苗进行盆栽,以便与对照组比较。

**2. 蚕豆、亚洲棉**

清洗干净的健康种子,用清水吸胀 24 h,放置在铺有滤纸的大培养皿中,生根 2~3 天,其间要每天换水清洗 1 次;然后根据实验设计,放在 0.01%~0.1%的不同浓度秋水仙素溶液中,在 20~25 ℃条件下处理 24 h,待课前将秋水仙素溶液倾倒入废液瓶中,然后用水洗净培养材料,观察根尖膨大现象。剪取 1~2 cm 长的根,置于 0~4 ℃低温环境下处理 24 h,然后放入卡诺固定液中备用。处理后的幼苗,用水洗净后进行盆栽,以便与对照组比较。

**3. 洋葱、大蒜**

刮去老根,放在小烧杯上,加水至刚与根部接触为止,室内培养至新根长 0.5~1 cm;然后根据实验设计,将上述小烧杯中的水换成 0.01%~0.1%秋水仙素溶液,置阴暗处培养 2 天,至根尖膨大为止。取出,用水洗净,剪下根尖,放入卡诺固定液中备用。

**4. 西瓜**

先将二倍体西瓜种子浸种催芽,当西瓜胚根长到 1~1.5 cm 时,将胚根倒置并浸渍在盛有 0.2%~0.4%秋水仙素溶液的培养皿中,在 25 ℃条件下处理 20~24 h,用滤纸将根盖好,避免失水。取出,用水洗净,剪下根尖,放入卡诺固定液中备用。

## (二) 多倍体鉴定

**1. 植株形态特征的观察**

观察比较水稻、大麦、黑麦等植物二倍体和同源多倍体的植株、穗、种子等标本或照片,观察二倍体和多倍体在形态上的主要区别。

**2. 叶片气孔保卫细胞的测定**

叶片气孔由两个保卫细胞组成,双子叶植物的保卫细胞多呈肾脏形,单子叶植物的保卫细胞多呈哑铃形。测量保卫细胞时,取二倍体和四倍体植株的叶片下表皮,置于载玻片上,并加 1~2 滴 1%碘-碘化钾溶液,盖上盖玻片。在高倍物镜下用目镜测微尺测量气孔保卫细胞的长度和宽度。

移动制片,观察叶片下表皮不同部位的气孔,分别测量 10 个保卫细胞的长度和宽度,求其平均值。同时计算各保卫细胞中的叶绿体数。其中,用目镜测微尺量出视野直径,按公式 $S = \pi r^2$ 求视野面积,得每平方毫米叶片下表皮的气孔数。

取叶片下表皮置于载玻片上,滴加 $AgNO_3$ 溶液,数秒后加盖玻片,在显微镜下观测保卫细胞内的叶绿体数目。

**3. 花粉粒的鉴定**

从秋水仙素处理成长的植株和对照组植株上采摘新鲜的或已固定的花蕾或颖花,取其花药中花粉,涂抹于载玻片上,加 1～2 滴 1％碘-碘化钾溶液,盖上盖玻片。测量 10～20 个花粉粒的直径,求其平均值。

**4. 染色体数目的检查**

将经秋水仙素处理和未经处理的材料根尖固定 3～24 h(可转入 70％乙醇于 4 ℃保存),冲洗后放入盐酸乙醇离析液 60 ℃解离 10～20 min,用蒸馏水洗 4～6 次后切取 1～2 mm 的分生区,用改良苯酚品红染液染色 10～15 min,压片,镜检,进行染色体数目鉴定(图 6-35-1)。

**图 6-35-1　洋葱二倍体和四倍体细胞染色体数目比较**

(引自彭正松等,2012)

A:$2n=2x=16$;B:$2n=4x=32$

取二倍体和同源多倍体植株的花蕾或幼穗分别固定,采用压片法或涂抹法制片,然后镜检观察,进行染色体计数。

## 五、实验结果与分析

(1)将二倍体和多倍体气孔保卫细胞性状和花粉粒大小、被诱导植物的染色体数的观察结果填入表 6-35-1,分别统计,并对统计结果做出解释。

表 6-35-1　植物二倍体和多倍体的叶片气孔保卫细胞和花粉粒的鉴定

| 植 物 名 称 | 倍　数　性 | 染色体数 | 叶片气孔保卫细胞 | | | 花粉粒直径/$\mu$m |
|---|---|---|---|---|---|---|
| | | | 长/$\mu$m | 宽/$\mu$m | 叶绿体数 | |
| | | | | | | |
| | | | | | | |
| | | | | | | |
| | | | | | | |

(2)绘制所观察到的多倍体细胞的显微观察图。

## 六、思考题

(1)与对照组植物相比,处理后的植物或器官有哪些不同特征?

(2)诱导后得到了哪些染色体变异类型?

### 七、参考文献

[1] 祝水金. 遗传学实验指导[M]. 2版. 北京：中国农业出版社，2005.

[2] 张文霞，戴灼华. 遗传学实验指导[M]. 北京：高等教育出版社，2007.

[3] 徐秀芳，张丽敏，丁海燕. 遗传学实验指导[M]. 武汉：华中科技大学出版社，2013.

[4] 彭正松，刘小强. 遗传学实验教程[M]. 重庆：西南师范大学出版社，2012.

（延安大学　雷　忻）

# 实验三十六　植物有性杂交技术

## 一、实验目的

（1）理解水稻、小麦等高等植物有性杂交的原理。

（2）了解水稻、小麦的花器构造、开花习性、授粉、受精等有性杂交知识。

（3）掌握小麦、水稻有性杂交技术。

## 二、实验原理

基因型不同的生物个体之间相互交配的过程叫杂交。植物的交配是通过传粉受精完成的，供给花粉的植株叫父本，接受花粉的植株叫母本。无论是自花授粉的植物还是异花授粉的植物，都可以通过控制授粉而进行人工有性杂交。人工有性杂交技术是遗传学研究的一种重要方法，是人工创造新的变异类型最常用的有效方法，也是现代植物育种上卓有成效的育种方法之一。有性杂交利用遗传性状不同的亲本进行交配，以组合两个或多个亲本的优良性状于杂种体中，并经过基因的分离和重组，产生各种性状的变异类型，从中选择出最需要的基因型，进而创造出对人类有利的优良品种。

根据杂交亲本间亲缘关系的远近，有性杂交又分为近缘杂交和远缘杂交两大类。前者指同一植物种内的不同品种之间的杂交，后者指在不同植物种或属间进行的杂交，也包括野生种和栽培种之间的杂交。品种间杂交为近缘杂交，由于品种间亲缘关系较近，具有相同的遗传物质基础，因此近缘杂交易获成功。通过正确选择亲本，能在较短时间内选育出具有双亲优良性状的新品种。但在近缘杂交时，因有利经济性状的遗传潜力具有一定限度，往往存在品种之间在某些性状上不能互相弥补的缺点。而远缘杂交可以扩大栽培植物的种质库，能把许多有益基因或基因片段组合到新种中，以产生新的有益性状，从而丰富各类植物的基因型。通过远缘杂交，还可获得雄性不育系，扩大杂种优势的利用。但远缘杂交结实率低，而且不易成功，甚至完全不育，杂种夭亡；杂种后代出现强烈分离，中间类型表现不稳定，因而增加了远缘杂交的复杂性及难度，限制了远缘杂交在育种实践上的应用。

通过将雌、雄性细胞结合的有性杂交方式，可重新组合基因，借以产生各种性状的新组合，从中选择出最需要的基因型，进而创造出对人类有利的新种。

## 三、实验材料、器材与试剂

### （一）实验材料

可根据实验要求准备实验材料,如大白菜、甘蓝、水稻、小麦、大葱、菠菜等。

### （二）实验器材

镊子、授粉器、放大镜、指形管(或小玻璃瓶)、干燥器、培养皿、花粉筛、剪刀、75%酒精棉球、纸袋、纸牌、铅笔等。

### （三）实验试剂

70%乙醇。

## 四、实验内容

### （一）小麦人工杂交

**1. 了解小麦的生物学特性**

(1) 小麦的花器构造(图 6-36-1):小麦的花序为复穗状花序,由穗轴和若干小穗组成,小穗排成两行,相互交错着生在穗轴节片上,穗轴两端着生的小穗较小,且易不孕,中部小穗较大且易结实。每个小穗有 2 个护颖、3~5 朵无柄小花,第一、第二朵小花发育较大、结实,上部小花较小,常因缺乏营养而不结实。小花有内外颖包被,花内有雄蕊 3 枚、雌蕊 1 枚。雄蕊分为花丝、花药两部分,花丝很细,花药两裂,未成熟时为黄色。雌蕊分为柱头、花柱、子房三部分,柱头成熟时呈羽状分叉,子房倒卵形,子房靠外颖的一侧下部有两片很小的鳞片,开花时吸水膨大,使内外颖张开。

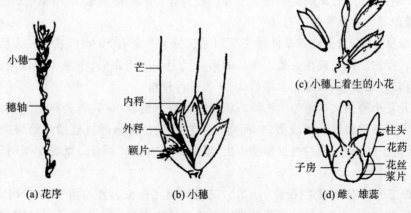

(a) 花序　　　(b) 小穗　　　(c) 小穗上着生的小花　　　(d) 雌、雄蕊

**图 6-36-1　小麦的花器构造**

(2) 开花习性:小麦在抽穗 3~5 天后即开始开花,一天中有两个开花高峰期,分别在上午和下午,各地时间不一,如北京地区为上午 9:00—11:00,下午 3:00—4:00。其开花顺序就全株来说,主茎穗的花先开,然后按分蘖的先后顺序开花;就一穗来说,中部的 3~5 个小穗先开花,渐次向上部和基部的小穗发展;每个小穗的第一小花先开,然后是第二、第三朵花开放。一

朵花从开到闭的时间为 10～30 min,一个穗子的花期为 5～7 天,通常在第三、第四天花最多,为盛花期。小麦开花受温度、湿度影响较大。开花的最低温度为 9～11℃,最适温度为 18～22℃。温度超过 30℃、雨水过多、日照不足,均对开花不利,尤其是高温干燥,不仅会缩短开花时间,降低花粉和柱头的生活力,而且会破坏受精过程的正常进行。

(3)授粉与受精过程:小麦是自花授粉作物,授粉后外颖、内颖就闭合起来。如果没有授粉,则内、外颖不关闭,一直处于开张状态。有的小麦品种闭颖授粉,即不待颖张开即行授粉。柱头在正常情况下保持受精能力时间较长,可达 7～8 天,不过一般在 3～4 天后生活力即行降低。花粉保持生活力的时间较短,在散粉半小时后即由鲜黄色变为深黄色,这时就有一定数量的花粉死亡,因此,延迟授粉或用不新鲜的花粉授粉,结实率会降低。

**2. 小麦人工杂交的步骤与方法**

(1)选穗:选择发育良好、健壮、具有本品种特征的主茎穗或大分蘖穗作为母本。人工去雄前,先用镊子打开穗中部两侧的小花,检查其花药。若为绿色,这样的穗在去雄后第 2～3 天授粉最易成功。花药过嫩时去雄容易损伤花器,过老时去雄花粉囊易裂、散粉而发生自交。在实际操作中,去雄的穗子宁可嫩些,不可过老。

(2)整穗:选定母本穗后,先用镊子去掉穗子上下部发育不好的小穗,仅留中部 5～6 对大的小穗,再将所留小穗中上部的几朵小花除去,每小穗只保留基部 2 朵发育最好的小花,剪去芒。

(3)去雄(剪颖去雄法):在整穗时要把去雄花朵的护颖和内外颖剪去 1/3～2/5,以不剪破花药为准。然后用镊子从剪口中把 3 枚花药取出。此法去雄较快,但要注意勿刺破花药、损伤柱头及颖片,若不慎刺破花药,则须将此花摘除,同时用 70% 乙醇浸洗镊子尖端,以杀死其上附着的花粉,避免造成人为的自花授粉。去雄的顺序是从上部小穗开始依次向下,做完一侧再做另一侧,避免遗漏。如发现小花中花药已有自然成熟开裂的,则应另换一穗。全部去雄完毕后要逐个检查一遍,保证去雄彻底,防止遗漏。去雄后套上硫酸纸袋,纸袋下部开口沿穗轴折合,用大头针别住,防止自然杂交。注意不要别住剑叶。然后挂上标牌,用铅笔写上母本名称、去雄日期、操作者学号或姓名。

(4)采粉及授粉:当去雄花朵的柱头呈羽毛状分叉并带有光泽时,表明柱头已经成熟,即应进行授粉。授粉工作一般在去雄工作后的第二天上午 8 点以后、下午 4 点以前进行。如去雄后遇到阴雨天,温度较低,可在去雄后 3～4 天进行授粉。

选将要开花小穗的父本穗为供粉穗。将供粉穗取下剪颖,使其花药露出来,促其散粉,把剪颖去雄的隔离纸袋的顶端剪成敞口,而后把散粉的供粉穗从敞口处插入纸袋,凌空捻转数下,使花粉散落于柱头上,然后将供粉穗取出,纸袋口用大头针别合。纸牌上写明父本名称和授粉日期。

(5)授粉情况检查:小麦授粉后 1～2 h,花粉粒就在柱头上开始萌发。约 40 h 后完成受精。在授粉后的第 3～4 天,可以打开纸袋检查子房的膨大情况。如果子房已膨大,内外颖合拢,说明已正常受精,否则未受精。若一穗上大部分小花都没受精,则进行第二次授粉。受精后一般不需要继续隔离,可以除去纸袋。但为了防止意外损失和收获时易于辨认,可以不除去纸袋,连同母本穗一起收回。

(6)收获:小麦成熟后,按杂交组合分别采收,单独脱粒,写明组合名称、种子粒数,保存好以备播种。

（二）水稻人工杂交

**1. 了解水稻的生物学特性**

（1）水稻的花器构造（图 6-36-2）：水稻为雌雄同花的自花授粉作物。水稻的花序为圆锥花序。从茎的最上面的节间到穗顶部的主梗称为主轴,主轴上着生有许多分枝,称为枝梗,每个枝梗上又着生许多小枝梗,而小枝梗上着生小穗。每个小穗有 3 朵小花,但只有上部 1 朵小花能正常结实,下部的 2 朵小花已退化,仅各剩 1 枚披针状的外颖能正常结实的小花（称为"颖花"）,着生于小枝梗的顶端,有花柄,每个颖花由 2 个护颖、1 个内颖、1 个外颖、2 个浆片（鳞片）、6 个雄蕊和 1 个雌蕊组成。鳞片位于子房和外颖之间,是 2 个透明的小粒。雄蕊由花丝和花药组成,着生于子房基部,每 3 个雄蕊排成一列。花药 4 室,内含花粉,花粉粒呈圆球形,表面光滑。雌蕊由子房、花柱和柱头三部分组成。子房 1 室,内含 1 个胚珠。柱头两分,各呈羽毛状。柱头有白色、淡绿色、黄色、淡紫色和紫色五种颜色,因品种而异。有芒品种,芒着生于外颖顶端。

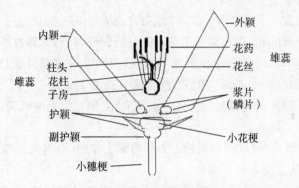

**图 6-36-2 水稻的花器构造**

（2）开花习性:稻穗顶端小穗露出剑叶的叶环为抽穗。水稻抽穗后当天,或抽出后 1～2 天就开花。抽穗后 2～3 天进入盛花期。一个穗的花期为 5～8 天,因品种、气候和穗的大小而异。一般早稻需 5 天左右,中稻需 6～7 天,晚稻需 8 天左右。水稻的开花顺序,一般是先主穗后分蘖;在一个穗上,上部枝梗上的颖花先开,以后依次向下开放,但并不是上部枝梗所有的花开完后,下部枝梗才开花,而是上部枝梗部分开花后,下部枝梗就接着陆续开花;在一个枝梗上,顶端的第一个颖花先开,随后是基部小花开放,然后由下向上逐次开放。水稻开花时,先是鳞片吸水膨胀,将外颖向外推开,花丝迅速伸长,花药开裂,花粉散出,进行授粉。开颖、裂药、散粉几乎同时进行,所以水稻是自花授粉作物。授粉后,花药吐出颖外,约经 10 min,花丝凋萎,鳞片因水分蒸发而逐渐收缩,内外颖关闭。一朵颖花从开放到关闭需 0.5～2 h,因品种和气候条件不同而异。花粉落在柱头上 2～3 min 就可以发芽,30 min 后花粉管即可进入胚囊,在开花后 1.5～4 h 便可完成受精过程。在田间条件下,柱头的生活力于去雄后最多可保持 6 天,以去雄后 1～2 天授粉结实率最高。花粉在自然条件下放置 3 min 后有 50% 失去生活力,5 min 后几乎全部失去生活力。水稻开花最适宜的温度为 25～30 ℃,最适宜的相对湿度为 70%～80%。在水稻开花期,气温低于 15 ℃ 或高于 40 ℃,都会造成不实。水稻每天开花的时间因品种、地区和气候条件等不同而异。早稻每天开花时间早,晚稻较迟。一般早、中稻 8:30—13:00 开花,以 10:00—11:00 开花最盛;晚稻在 9:00—14:00 开花,以 10:00—12:00 开花最盛。当气温低（近 20 ℃）时,开花推迟,12:00 才开始开花,至 17:00—18:00 才结束。

同日开花的籼稻和粳稻,开花的时间也不同。一般籼稻开花较早,而粳稻开花较迟,两者相差有时可达 2 h 以上。

**2. 水稻人工杂交的步骤与方法**

(1) 选穗:根据设定的杂交组合,选择生长健壮、无病虫害、具有该品种典型性状的母本稻穗供去雄之用。一般籼稻宜选择已抽出剑叶叶鞘 3/4～4/5 的穗子,粳稻则以抽出 4/5 至全抽出为宜。(选穗工作在前一天下午或当天早晨水稻自然开花前进行。)

(2) 去雄:去雄方法主要有温汤去雄、剪颖去雄等。

温汤去雄:利用花粉比柱头对高温敏感的特点,控制一定的温度和时间,达到集体杀雄的目的。在水稻自然开花前,用保温瓶或塑料桶配好 45℃ 的温水,将母本穗浸入其中约 5 min(籼稻或颖壳薄的品种时间可略短,为 3～4 min),取出稻穗后掸去上面的水珠,20 min 左右即可开颖,不开的全部剪掉(注意防止剪伤开放的颖花),随即套上硫酸纸袋,以防串粉。系上纸牌,注明母本名称、去雄日期和操作者姓名等。温度过低时,杀雄不彻底,易产生伪杂种;温度过高时,会烫伤柱头甚至整个颖花。

剪颖去雄:在杂交前一天 16:00—17:00 或杂交当天 7:00—8:00 进行。选取露出叶鞘1/2 或 2/3 的母本穗子,剥开叶鞘,进行整穗疏花,将上部已开的花和下部过嫩的花全部剪去,留下中部预计次日能开的颖花(可将颖花在阳光下透视,当颖花内雄蕊伸长已达颖壳的 1/2 以上时,即为次日要开的颖花)20～30 朵,用剪刀横剪去颖壳的 1/4 或 1/3(不要剪破花药),再斜剪外颖一侧,然后用镊子将 6 枚雄蕊轻轻夹去。去雄后,立即套上硫酸纸袋,挂上纸牌,注明母本名称、去雄日期和操作者姓名。

(3) 授粉:温汤去雄后,可以随即授粉。如用剪颖去雄的,以当天授粉效果最好,也可以次日上午授粉。授粉方法主要有以下两种。

弹花授粉法:在水稻自然开花时,轻轻剪下正在开花的父本稻穗,并置于已去雄的母本稻穗上方,用手轻轻抖动父本稻穗,使花粉落在母本柱头上,连续进行 2 次或 3 次。如父、母本相邻种植,则不必剪穗,可就近授粉;若母本已去雄而父本尚未开花,则可用黑纸袋罩住父本穗子,约 10 min 后揭开纸袋即可开花授粉。

授入花药法:在水稻自然开花时,用镊子夹住父本成熟的花药(刚开花而未散粉的花药或未开花但雄蕊伸长达颖壳 2/3 以上的颖花的花药),在已去雄的母本颖壳上轻轻摩擦,使花药破裂,花粉散落在柱头上,但注意不要损伤母本的花器。如果母本颖壳已经关闭,可将 2 个或 3 个花药塞进颖内,让其自然开裂散粉。授粉后,母本穗仍旧套上硫酸纸袋,用大头针别合,并在纸牌上注明父本名称、授粉日期。

(4) 检查受精情况:可在授粉 3 天后检查杂交是否成功,其标志是看子房是否膨大。膨大者表示已受精,7 天左右子房可升到颖壳的顶部。此时可以把硫酸纸袋摘下。

(5) 收获:子房初为绿色,随着内容物的充实、成熟,逐渐变为白色、黄色至黄褐色。当籽粒表皮呈现黄色至黄褐色时即可收获,收获时连同纸牌一块交实验室。达到这一条件的时间为 20 天左右。

## 五、实验结果与分析

子房已经膨大,柱头已经萎缩,说明授粉、受精成功。杂交实验的最终结果是得到杂交种子,因此,受精成功后,还要细心看护实验田,看护好杂交的植株,以防人为损坏。

### 六、实验作业与思考题

（1）根据上述小麦、水稻的杂交方法，选取作物2个品种做正反杂交实验，各做3～5株杂交，其中一穗不授粉，以检查去雄质量。统计杂交结实率，并分析成功或失败的原因。

（2）如何把传统的杂交育种技术与现代育种技术相结合？

（菏泽学院　高昌勇）

# 实验三十七　大肠杆菌营养缺陷型菌株的诱导与鉴定

## 一、实验目的

（1）了解大肠杆菌营养缺陷型突变株选育的原理。

（2）学习并掌握细菌氨基酸营养缺陷型的诱变、筛选与鉴定方法。

## 二、实验原理

在以微生物为材料的遗传学研究中，用某些物理因素或化学因素处理细菌，可诱发基因突变。如果突变后丧失合成某一物质（如氨基酸、维生素、核苷酸等）的能力，不能在基本培养基上生长，必须补充某些物质才能生长，称为营养缺陷型。筛选营养缺陷型菌株一般具有四个环节：诱变处理、营养缺陷型浓缩、检出、鉴定缺陷型。

诱变处理首先要选择诱变剂，诱变剂可分为物理诱变剂和化学诱变剂两类。微生物诱变中最常用的物理诱变剂是紫外线。紫外线诱变最有效的波长为253～265 nm，紫外灯发射的紫外线大约有80%是254 nm。紫外线可引起DNA链断裂、碱基破坏等结构损伤，最重要的作用是可使同一条DNA链相邻嘧啶之间形成嘧啶二聚体，阻碍碱基间的正常配对，产生复制错误而造成碱基突变。通常经过紫外线损伤的DNA可被可见光修复，因此，用紫外线诱变处理时以及处理后操作应在红光下进行，并将微生物放在黑暗中培养。诱变处理必须选择合适的剂量，不同微生物的最适处理剂量不同，需经预实验确定。物理诱变的相对剂量与三个因素有关，即诱变源和处理微生物的距离、诱变源功率、处理时间，往往通过处理时间控制诱变剂量。化学诱变剂的剂量也常以相对剂量表示。相对剂量与三个因素有关：诱变剂浓度、处理温度和处理时间。一般通过处理时间来控制剂量，在处理前对诱变剂和菌液分别预热，当两者混合后即可计算处理时间，精确控制处理剂量。

进行诱变处理时为了避免出现不纯的菌落，一般要求微生物呈单细胞或单孢子的悬浮液状态，分布均匀。实验表明，处于对数生长期的细菌对诱变剂的反应最灵敏。处理以后的细菌中，营养缺陷型细胞所占的比例还是相当小，必须设法淘汰野生型细胞，提高营养缺陷型细胞所占比例，浓缩营养缺陷型细胞。浓缩营养缺陷型的方法有青霉素法、菌丝过滤法、差别杀菌法、饥饿法等，这些方法适用于不同的微生物。对细菌常用的浓缩法是青霉素法，青霉素是杀菌剂，只杀死生长细胞，对不生长的细胞没有致死作用。所以在含有青霉素的基本培养基中野生型细胞能生长而被杀死，营养缺陷型细胞不能生长，可被保存得以浓缩。

143

检出营养缺陷型的方法有逐个测定法、夹层培养法、限量补给法和影印培养法。这里主要以逐个测定法为例进行说明:把经过浓缩的营养缺陷型菌液接种在完全培养基上,待长出菌落后将每一菌落分别接种在基本培养基和完全培养基上。凡是在基本培养基上不能生长而在完全培养基上能生长的菌落就是营养缺陷型。经初步确定为营养缺陷型的菌株用生长谱法鉴定。在同一培养皿上测定一个营养缺陷型菌株对多种化合物的需要情况。

## 三、实验材料、器材与试剂

### (一) 实验材料

菌种 E.coli。

### (二) 实验器材

离心机、紫外线照射箱、冰箱、恒温培养箱、高压蒸汽灭菌锅、锥形瓶、试管、离心管、移液管、培养皿、接种针、黑布(纸)等。

### (三) 实验试剂

LB 液体培养基(pH 7.2):酵母膏 0.5 g、蛋白胨 1.0 g、NaCl 0.5 g、水 100 mL,121 ℃灭菌 15 min。

$2\times$LB 液体培养基:水为 50 mL,其余与 LB 培养液相同。

基本固体培养基(pH 7.2):葡萄糖 0.5 g、$(NH_4)_2SO_4$ 0.1 g、柠檬酸钠 0.1 g、$MgSO_4 \cdot 7H_2O$ 0.02 g、$K_2HPO_4$ 0.4 g、$KH_2PO_4$ 0.6 g、双蒸水 100 mL,110 ℃灭菌 20 min。配固体培养基时需要加 2.0%洗涤处理过的琼脂,全部药品需用分析纯,使用的器皿需用双蒸水或蒸馏水冲洗 2~3 次。

无 N 基本液体培养基(pH 7.0):$K_2HPO_4$ 0.7 g、$KH_2PO_4$ 0.3 g、三水柠檬酸钠 0.5 g、$MgSO_4 \cdot 7H_2O$ 0.01 g、葡萄糖 2.0 g、水 100 mL,110 ℃灭菌 20 min。

2N 基本固体培养基(pH 7.0):$K_2HPO_4$ 0.7 g、$KH_2PO_4$ 0.3 g、三水柠檬酸钠 0.5 g、$MgSO_4 \cdot 7H_2O$ 0.01 g、$(NH_4)_2SO_4$ 0.2 g、葡萄糖 2.0 g、水 100 mL,110 ℃灭菌 20 min。

完全培养基配制同 LB 液体培养基,配制其固体培养基,需加 2.0%的琼脂。

混合氨基酸和混合维生素。

## 四、实验内容

### (一) 诱变处理

(1) 第一天接种:取一环 E.coli 接种于 5 mL LB 液体培养基中,37 ℃培养过夜。

(2) 第二天诱变:于早晨添加 5 mL LB 液体培养基,继续培养 5 h。取 5.0 mL 菌液置于离心管中,3500 r/min 离心 10 min,弃上清液。加生理盐水 5.0 mL,打匀沉淀。吸取菌液 3.0 mL 于 75 mm 培养皿内,将培养皿置于 15 W 紫外灯下 30 cm 处(处理前紫外灯预热 30 min),将培养皿连同盖子一起置于紫外灯下灭菌 1 min,然后打开培养皿盖,照射 1~3 min,照射后先盖上盖子再关灯。吸取 3.0 mL $2\times$LB 液体培养基,加入处理过的菌液培养皿内,混匀,用黑布(纸)包好,37 ℃避光培养 12 h 以上。

（二）营养缺陷型浓缩（淘汰野生型）

（1）第三天，延迟处理：吸取菌液 5.0 mL 于离心管中，3500 r/min 离心 10 min，弃上清液。离心洗涤 2 次，加生理盐水至原体积，打匀沉淀，离心，弃上清液，重复一次，最后加生理盐水制成 5.0 mL 菌悬液。取 0.1 mL 菌悬液，置于 5.0 mL 无 N 基本液体培养基中，37 ℃培养 12 h（消耗体内的 N 元素，使其停止生长，避免营养缺陷型被后加入的青霉素杀死）。

（2）第四天，初筛：按 1:1 的比例加入 2N 基本固体培养基 5.0 mL，加 5×10⁴ U/mL 青霉素钠盐溶液 100 μL，使青霉素在溶液中的最终浓度约为 500 U/mL，再放入 37 ℃培养（野生型利用 N 元素大量生长，细胞壁不能完整合成而死亡，营养缺陷型因不生长，避免被杀死）。

（3）第五天，从培养 12 h、14 h、16 h、24 h（根据实际情况，选择 2～3 个时间段）的菌液中分别取 0.1 mL 菌液，置于盛有 2N 基本固体培养基及完全培养基的两个培养皿中，涂布，37 ℃培养。

（三）营养缺陷型检出

（1）第七天，检出营养缺陷型：上述平板培养 36～48 h 后，进行菌落计数。选取完全培养基上生长的菌落数远大于基本固体培养基的那一组，用灭菌牙签挑取完全培养基上长出的菌落 100 个，分别先后接种于基本固体培养基和完全培养基上，37 ℃培养。

（2）第九天，选择在基本固体培养基上不生长而在完全培养基上生长的菌落，在基本固体培养基上划线，37 ℃培养 24 h，仍不生长的是营养缺陷型。

（四）营养缺陷型鉴定

生长谱法：在同一培养皿上测定一种营养缺陷型菌株许多种生长因子的需求情况。

单一生长因子：鉴定氨基酸或维生素的营养缺陷型，较为简单的方法是分组测定法。

（1）将 21 种氨基酸组合为 6 组，每组含 6 种不同氨基酸（表 6-37-1）。

表 6-37-1　氨基酸组合表

| 组　别 | 氨基酸组合 | | | | |
|---|---|---|---|---|---|
| 1 | 赖氨酸 | 精氨酸 | 蛋氨酸 | 胱氨酸 | 亮氨酸 | 异亮氨酸 |
| 2 | 缬氨酸 | 精氨酸 | 苯丙氨酸 | 酪氨酸 | 色氨酸 | 组氨酸 |
| 3 | 苏氨酸 | 蛋氨酸 | 苯丙氨酸 | 谷氨酸 | 脯氨酸 | 天冬氨酸 |
| 4 | 丙氨酸 | 胱氨酸 | 酪氨酸 | 谷氨酸 | 甘氨酸 | 丝氨酸 |
| 5 | 鸟氨酸 | 亮氨酸 | 色氨酸 | 脯氨酸 | 甘氨酸 | 谷氨酰胺 |
| 6 | 瓜氨酸 | 异亮氨酸 | 组氨酸 | 天冬氨酸 | 丝氨酸 | 谷氨酰胺 |

（2）以 15 种维生素进行测定，将 15 种维生素分五组进行实验（表 6-37-2）。

表 6-37-2　维生素组合表

| 组　别 | 维生素组合 | | | | |
|---|---|---|---|---|---|
| 1 | 维生素 A | 维生素 $B_1$ | 维生素 $B_2$ | 维生素 $B_6$ | 维生素 $B_{12}$ |
| 2 | 维生素 C | 维生素 $B_1$ | 维生素 $D_2$ | 维生素 E | 烟酰胺 |
| 3 | 叶酸 | 维生素 $B_2$ | 维生素 $D_2$ | 胆碱 | 泛酸钙 |
| 4 | 对氨基苯甲酸 | 维生素 $B_6$ | 维生素 E | 胆碱 | 肌醇 |
| 5 | 维生素 H | 维生素 $B_{12}$ | 烟酰胺 | 泛酸钙 | 肌醇 |

(3) 第 10 天,用生长谱法测定:将检出的营养缺陷型菌落置于 5.0 mL LB 液体培养基培养 14~16 天。

(4) 第 11 天,将培养 16 h 的菌液 3500 r/min 离心 10 min,弃上清液,加生理盐水,打匀沉淀,再次离心。加 5.0 mL 生理盐水制成菌悬液,取 1.0 mL,置于培养皿中,加热溶解后冷却到 40~50 ℃ 的基本培养基,混匀,平放,共 2 个培养皿,平板表面分别涂有混合氨基酸,30 ℃ 培养 24 h,经培养后营养物质周围长有生长圈,即表明为氨基酸的营养缺陷型菌株。将培养皿底分格并做标记,用接种环依次放入少许混合氨基酸,37 ℃ 培养 24 h,观察生长情况,确定是哪种氨基酸营养缺陷型。

(5) 观察生长圈,当某一格内出现圆形混浊的生长圈时,即说明是某一氨基酸或维生素的缺陷型(图 6-37-1)。

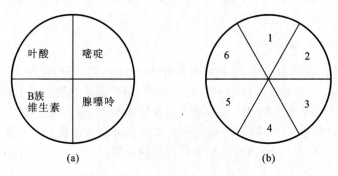

**图 6-37-1  生长谱鉴定点样图示**

(b)中 1~6 均为氨基酸组合点样图示

## 五、实验结果与分析

(1) 将经紫外线诱变处理,并在含有青霉素培养基中培养 12 h、14 h、16 h、24 h 后涂布于基本固体培养基和完全培养基的菌落生长情况填入表 6-37-3。

(2) 根据生长谱鉴定圈鉴定菌落生长情况,并对各种现象进行解释。

**表 6-37-3  经紫外线诱导后菌落生长情况**

| 培　养　基 | 菌　落　数 | | | |
|---|---|---|---|---|
| | 12 h | 14 h | 16 h | 24 h |
| [+] | | | | |
| [-] | | | | |

## 六、注意事项

(1) 皮肤暴露在紫外线下可致皮肤癌;眼睛最易受到紫外线损伤,从而导致短期甚至永久失明。因此,操作时要有相应的防护措施。

(2) 各种器材、培养基及直接加入培养基中的试剂均需灭菌。

(3) 本实验中的突变型是氨基酸营养缺陷型,可以检测到。如果是与 N 元素代谢有关的其他缺陷型,则无法通过这个实验检测。

(4) 本实验经紫外线照射后,如果诱变率较低,原因可能是照射时间短,诱变剂量小,或者是暗培养不完善导致光复活作用,可将诱变后的菌体进行培养。

## 七、参考文献

[1] 祝水金. 遗传学实验指导[M]. 2 版. 北京:中国农业出版社,2005.
[2] 张根发,梁前进. 遗传学实验[M]. 2 版. 北京:北京师范大学出版社,2017.
[3] 彭正松,刘小强. 遗传学实验教程[M]. 重庆:西南师范大学出版社,2012.

(延安大学　雷　忻)

# 实验三十八　家禽伴性遗传分析

## 一、实验目的

利用鸡的性染色体特征和伴性遗传规律,建立自别雌雄品系,然后利用品系间杂交,使雏鸡出壳后即可自别雌雄。伴性遗传在养禽业中的应用,有利于合理安排蛋鸡与肉鸡生产,达到节约人力、物力,提高生产效率的目的。

## 二、实验原理

鸡的性染色体构型是 Z/W 型,公鸡为 ZZ 型,母鸡为 ZW 型。凡是伴性基因都位于 Z 染色体上,因此,伴性性状总是伴随着 Z 染色体的分离和重组而表现出来,例如金色与银色、快羽与慢羽、芦花与非芦花等。

(1)金、银色伴性性状自别雌雄原理:金、银色是受伴性基因控制的,银色为显性,金色为隐性,利用金色公鸡和银色母鸡交配,则后代所有的金色雏鸡为母雏,银色雏鸡为公雏,其遗传图见图 6-38-1。

(2)快、慢羽伴性性状自别雌雄原理:快、慢羽受位于染色体的一对基因控制,慢羽为显性,快羽为隐性。用快羽公鸡和慢羽母鸡交配,子代快羽为母鸡,而慢羽为公鸡,其遗传图见图6-38-2。

| | |
|---|---|
| P　　$Z^sZ^s(\male) \times Z^SW(\female)$ | P　　$Z^kZ^k(\male) \times Z^KW(\female)$ |
| 　　(金色公鸡) ↕ (银色母鸡) | 　　(快羽公鸡) ↕ (慢羽母鸡) |
| $F_1$　　$Z^SZ^s$　　　$Z^sW$ | $F_1$　　$Z^KZ^k$　　　$Z^kW$ |
| 　　(银色公雏)　(金色母雏) | 　　(慢羽公雏)　(快羽母雏) |

**图 6-38-1　金、银色伴性遗传图**　　　　**图 6-38-2　快、慢羽伴性遗传图**

(3)芦花性状是伴性遗传性状,芦花性状(B)对非芦花性状(b)为显性。当以非芦花公鸡($Z^bZ^b$)与芦花母鸡($Z^BW$)交配时,$F_1$代中的公鸡是芦花鸡,母鸡是非芦花鸡。当 $F_1$代自群繁殖时,$F_2$代中芦花鸡与非芦花鸡各占一半。其遗传图见图 6-38-3。

| | | |
|---|---|---|
| P | $Z^bZ^b$ (♂) × $Z^BW$ (♀) | P | $Z^BZ^B$ (♂) × $Z^bW$ (♀) |
| | （非芦花公鸡）↕（芦花母鸡） | | （芦花公鸡）↕（非芦花母鸡） |
| $F_1$ | $Z^BZ^b$   $Z^bW$ | $F_1$ | $Z^BZ^b$   $Z^BW$ |
| | （芦花公雏）（非芦花母雏） | | （芦花公雏）（芦花母雏） |
| | (a) 正交 | | (b) 反交 |

图 6-38-3　芦花性状伴性遗传图

## 三、实验材料与器材

### （一）实验材料

芦花鸡、罗曼父母代鸡。

### （二）实验器材

放大镜、解剖板、孵化器、照蛋灯等。

## 四、实验内容

按上面的杂交组合进行杂交。对所产蛋进行记录后,将不同的杂交组合分开孵化。实习前孵出雏鸡。杂交前需将公、母隔离两周后再进行杂交,雏鸡要分群、带翅号。

将雏鸡放在实验台上,用肉眼观察其特征,根据羽色、羽速或芦花与非芦花来确定初生雏的性别。

银色与金色羽:银色羽初生雏为白色或银灰色,金色羽初生雏为金黄色。

快羽与慢羽:家禽翅膀上面有主翼羽。在主翼羽上面覆盖的一层称为覆主翼羽,在主翼羽后面的称为副翼羽,在副翼羽上面覆盖的称为覆副翼羽。快羽和慢羽主要是根据鸡出壳 48 h 内其主翼羽和覆主翼羽的相对长度确定的。

快羽特征是当雏鸡出壳后主翼羽的羽轴已发育得很好,主翼羽明显比覆主翼羽长;慢羽特征是主翼羽的羽轴发育差,主翼羽等长于或短于覆主翼羽。

芦花与非芦花:芦花成鸡的特征是羽毛呈黑白相间的横斑条纹,非芦花无横斑条纹。雏鸡为芦花羽时,绒羽为黑色,头上有乳白色或黄色斑块。非芦花雏鸡头顶上没有浅色斑块。纯种芦花鸡中由于有显性基因的积加作用,故雏鸡在出壳时就能自别雌雄:雌鸡较雄鸡颜色深,头顶上斑块小、呈卵圆形,而雄鸡头顶上斑块大且边缘不规则。

将已进行雌雄鉴别的雏鸡进行解剖,观察其生殖腺,以验证利用伴性原理鉴定的准确程度。留一部分雏鸡进行饲养,并带上翅号,做好记录,7 周后观察验证。

## 五、实验结果与分析

（1）将解剖鉴定结果与肉眼观察结果相比较。

（2）雏鸡解剖后,分别详细描述公雏和母雏性器官的位置、形态特征。

## 六、实验作业

绘制金银色羽、快慢羽和芦花与非芦花的正反杂交基因型示意图。

## 七、参考文献

[1] 李碧春,徐琪.动物遗传学[M].2版.北京:中国农业大学出版社,2015.
[2] 吴常信.动物遗传学[M].2版.北京:高等教育出版社,2016.

（山西农业大学　刘少贞）

# 实验三十九　利用 RAPD 分子标记技术检测生物遗传多样性

## 一、实验目的

(1) 了解 RAPD 的基本原理和用途,以及实验结果的处理方法。
(2) 掌握 RAPD 的实验操作技术。

## 二、实验原理

RAPD(randomly amplified polymorphic DNA),意为随机扩增多态性 DNA,是利用 PCR 技术进行随机扩增,把扩增的 DNA 片段进行聚丙烯酰胺凝胶或者琼脂糖凝胶电泳,用 DNA 条带的多态性来反映模板 DNA 序列上的多态性。RAPD 同 AFLP、SSR 等分子标记一样都基于 PCR 扩增,只是 RAPD 分析只需要一个引物,其引物长度一般为 10 个核甘酸,其序列是随机的。对于任一特定的引物,它同基因组 DNA 序列有特定的结合位点,这些特定的结合位点在基因组某些区域内的分布符合 PCR 的条件。随机引物在模板的两条链上有互补的位置,且引物的 3′端距离在一定的范围之内,就可以扩增出 DNA 片段。如果基因组在这些区域发生 DNA 片段的插入或缺失,或者碱基突变,就能够导致这些特定结合位点分布发生变化,而使 PCR 产物增加或者减少,发生相对分子质量的变化。通过对 PCR 产物的检测分析,即可以测出基因组在这些区域的多态性,测定两个物种间或两个品系间的遗传距离和遗传相似度。不同核甘酸序列的引物均有商品出售。

RAPD 技术继承了 PCR 技术的优点,所以借助 RAPD 技术可以在对于所研究的物种没有任何分子生物学基础的情况下,对其进行 DNA 的多态性分析。同限制性片段长度多态性(RFLP)、DNA 指纹图谱法等其他 DNA 多态性技术相比,RAPD 具有检测效率高、样品用量少、灵敏度高等特点。目前,RAPD 已经广泛地应用于农作物品种及品系的鉴定、品种和品系的遗传关系的确定、基因的定位和分离、基因图谱的构建,以及作物抗性育种等方面。

## 三、实验材料、器材与试剂

### (一)实验材料

两种不同来源的基因组 DNA。

### (二)实验器材

PCR 仪、琼脂糖凝胶电泳系统、移液枪、PCR 专用管、紫外-可见分光光度计等。

### (三)实验试剂

PCR Mix 试剂盒、DNA Marker D2000、十几条 RAPD 随机引物(使用前配制成 10 $\mu$mol/$\mu$L 的工作液)。

## 四、实验内容

### 1. PCR 体系

按照实际盒要求,分别加入 Buffer、dNTPs、适量的基因组 DNA、随机引物、Taq DNA 聚合酶,最后加入灭菌的双蒸水定容。

按照反应体系,先在 1.5 mL 离心管中冰浴混合除模板以外的各成分,充分混匀。稍离心,分装到各 PCR 管中。然后把各种的 DNA 模板分别加入各管中,盖严管盖,在管外壁上做好标记,稍离心,放入 PCR 仪中。

### 2. PCR 扩增程序

94 ℃变性 5 min 后,开始以下循环:

(1) 94 ℃,30 s;

(2) $T_m$,退火 30 s;

(3) 72 ℃,1 min。

经过 45 个循环(最后一个循环 72 ℃增加 5 min)后,将反应产物在 4 ℃下保存。如需长期保存,则要放入 −20 ℃冰箱中保存。

### 3. 凝胶电泳检测

取 PCR 产物 10 $\mu$L,加入 2 $\mu$L 6×上样缓冲液,用 1.2% 琼脂糖凝胶电泳,检测、照相。同一引物扩增的不同来源 DNA 的产物在同一凝胶板电泳。

## 五、实验结果与分析

把 RAPD 每个反应重复 2 次。以 3 次反应中稳定出现的亮带为统计对象。计算种群间的遗传相似度。

根据 Lynch 于 1990 年发表的公式计算个体间带纹相似系数($S_{XY}$):

$$S_{XY} = 2N_{XY}/(N_X + N_Y)$$

式中,$N_{XY}$ 是 X 个体和 Y 个体共同拥有的带数,$N_X$、$N_Y$ 分别是 X、Y 个体所具有的带数。

平均带纹相似系数通过对群体内(间)各个体间的相似系数简单平均而求得。

遗传距离 $$D = 1 - S_{XY}$$

### 六、注意事项

对电泳结果的判读同 PCR 条件是否优化及引物数量是否足够等一样,会影响 RAPD 结果的可信度。对电泳结果的判读主要是一些弱带的取舍问题,弱带取舍主要看其重复出现的概率,可进行重复实验。也可将在难取舍的弱带位置上出现的电泳条带都不统计。这样可能丢失一些多态性信息位点,对研究材料的系谱关系等影响不大,但当研究分子标记或构建基因连锁图谱时就不可取。

### 七、思考题

(1) RAPD 分析的基本原理是什么? 它主要有哪些应用?

(2) 对于一种植物材料,进行 RAPD 分析的主要步骤有哪些?

(菏泽学院　高昌勇)

# 实验四十　利用 SSCP 技术检测动物群体遗传多样性

## 一、实验目的

(1) 掌握单链构象多态性(SSCP)分析技术的基本原理和方法。

(2) 掌握聚丙烯酰胺凝胶电泳(PAGE)的原理和操作方法。

## 二、实验原理

遗传多样性是生物多样性的重要组成部分。任何一个物种都具有其独特的基因库和遗传组织形式,物种的多样性也就显示了基因遗传的多样性。广义的遗传多样性是指地球所有生物所携带的遗传信息的总和,但通常所说的遗传多样性是指种内的遗传多样性,即种内不同种群之间或一个种群内不同个体的遗传变异。

随着生物学理论和技术的不断进步,以及实验条件和方法的不断改进,检测遗传多样性的方法日益成熟和多样化,可从不同的角度和层次来揭示物种的变异。遗传多样性的表现形式是多层次的,可以从形态特征、细胞学特征、生化酶的特征、基因位点及 DNA 序列等不同方面来体现,其中 DNA 多样性是遗传多样性的本质。遗传标记的发展经历了形态学标记、细胞学标记、生物化学标记和分子标记 4 个主要阶段。

广义的分子标记是指可遗传并可检测的 DNA 序列或蛋白质。狭义的分子标记是指以DNA 多态性为基础的遗传标记。DNA 分子标记是以个体间核苷酸序列差异为基础的遗传标记,是 DNA 水平上遗传变异的直接反映,能更准确地揭示种、变种、品种、品系乃至无性系间的差异。自 20 世纪 90 年代以来,DNA 分子标记一直是生命科学领域活跃发展的一种生物技术,不仅应用广泛,而且新的种类不断涌现。如限制性片段长度多态性(RFLP)、微卫星 DNA(SSR)、单链构象多态性(SSCP)分析。各种类型的标记层次特点不同,都有各自的优势和局限性。理想的 DNA 分子标记应具备以下特点:①遗传多样性高;②共显性遗传;③在基因组中大量存在且分布均匀;④表现为中性,对目标性状表达无不良影响,与不良性状无必然连锁;⑤稳定性好、重现性高;⑥信息量大,分析效率高;⑦检测手段简单快捷,易于实现自动化;⑧开发成本和使用成本低。但是迄今为止,没有一种标记能完全满足上述特性。因此,在具体的研究中,应根据所分析材料的遗传背景、研究状况、实验目的以及条件来选用最合适的标记技术,或同时采用几种方法进行,以便多层次、多角度、更全面、更准确地揭示物种或种群的遗传多样性水平。

单链构象多态性(single strand conformation polymorphism,SSCP)分析是一种利用 PCR 技术、以构象为基础的检测基因组中单核苷酸变异的方法。SSCP 是 1989 年日本 Orita 等创建,用于筛查突变的新分子标记技术。它是一种简单、快速、经济的点突变筛查手段。SSCP 技术的基本原理是 PCR 扩增后的 DNA 片段经变性变成单链 DNA,单链 DNA 在不含有变性剂的中性聚丙烯酰胺凝胶中电泳时,形成不同的立体构象,其构象直接影响泳动速率,相同长度的 DNA 单链其核苷酸顺序仅有单个碱基的差别,就可以产生立体构象的不同,造成泳动速率的不同,产生不同的泳动带。通过非变性聚丙烯酰胺凝胶电泳(PAGE),可以非常敏锐地将构象上有差异的分子分离开(图 6-40-1)。与正常情况比较,出现泳动带的变位即可推测存在碱基置换,其碱基置换的性质必须经过 DNA 测序才能确定。

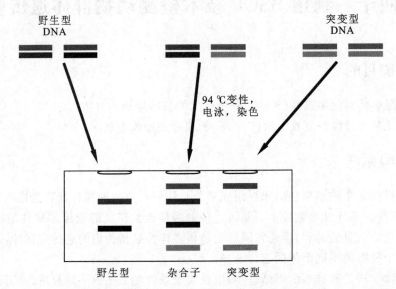

**图 6-40-1　SSCP 技术应用于群体中二倍体生物个体遗传差异分析的原理示意图**

一般认为,保持凝胶内温度恒定是 SSCP 分析最关键的因素,温度有可能直接影响 DNA 分子内部稳定力的形成及其所决定的单链构象,从而影响突变的检出。室温下电泳适用于大多数情况,但由于在电泳时温度会升高,为确保电泳温度相对恒定,应采取以下措施:减小凝胶厚度,降低电压,采取有效的空气冷却或循环水冷却等。

聚丙烯酰胺凝胶是一种人工合成凝胶,是以丙烯酰胺为单位,由 N,N′-甲叉双丙烯酰胺交联成的,即丙烯酰胺和少量交联剂 N,N′-甲叉双丙烯酰胺,在催化剂(TEMED)和氧化剂(过硫酸铵)作用下聚合形成凝胶,经干燥粉碎或加工成形制成粒状。控制交联剂的用量可形成各种型号的凝胶。交联剂越多,孔隙越小。聚丙烯酰胺凝胶具有机械强度好、弹性大、透明、化学稳定性高、无电渗作用、设备简单、样品量小、分辨率高等优点。聚丙烯酰胺凝胶适合蛋白质和多糖的纯化、核酸的条带区分等。

聚丙烯酰胺凝胶电泳(polyacrylamide gel electrophoresis,PAGE)是指以聚丙烯酰胺凝胶为支持基质的电泳程序。一般说来,实现聚丙烯酰胺凝胶电泳有两种类型。

**1. 单向电泳**

采用完整的样本或用 SDS 处理过的样本的单向泳动,在有凝胶的平板上平行分离。

**2. 双向电泳**

首先用天然样本进行分离,然后将凝胶平板用 SDS 处理,样品便在第二向得到分离。主要优点如下:①合成聚合物,重复性良好;②分离能力好;③通过增减丙烯酰胺单体和交联剂(N,N'-甲叉双丙烯酰胺)的浓度,可以调节凝胶的孔径大小;④操作简便、时间短;⑤化学性质稳定、机械性能好、柔软;⑥酸性或碱性缓冲液中均可进行电泳,而且可加入两性电解质进行等电点电泳,可用含电解质表面活性剂(如 SDS)或非电解质表面活性剂(如 Np40、Triton x-100 等)的凝胶进行电泳,亦可使两者组合进行双向电泳等,使用范围广泛,利用价值日益提高。

为了便于观察分析结果,目前也常用银染法来对聚丙烯酰胺凝胶上的 DNA 泳动带进行染色。单链 DNA 片段的立体构象主要与碱基序列相关,但也受到其他条件的影响。因此,SSCP 技术的关键在于电泳时的诸多条件,如凝胶的组成、电泳的温度、离子浓度以及影响分子内相互作用的其他溶质等。

电泳 DNA 片段的分离和等位基因的检测都离不开凝胶电泳技术,前面提及的各种分子标记技术都是借助凝胶电泳检测双链 DNA 片段是否在长度上表现出多态性,从而寻找标记。对在长度上没有差异但在序列组成发生变化的 DNA 片段,如点突变引起,不能通过一般的琼脂糖凝胶电泳予以区别。聚丙烯酰胺凝胶电泳是一种比琼脂糖凝胶电泳分辨率更高的电泳技术,可分离 1～500 bp 的 DNA 片段。它可以形成更小孔径的介质,故而可以分离更小的 DNA 片段。

该方法简便、快速、灵敏,不需要特殊的仪器,适合一般实验室的需要。该方法对 200～400 bp 的 DNA 片段中的序列突变有较高的检测率。

## 三、实验材料、器材与试剂

### (一) 实验材料

动物群体的某个基因扩增片段。

### (二) 实验器材

移液枪及枪头、制冰机、垂直板电泳槽及其附件(图 6-40-2)、制胶架、电泳仪、凝胶成像系统、玻璃吸管或注射器、微量离心管等。

### (三) 实验试剂

30%丙烯酰胺、10%过硫酸铵、5×TBE 缓冲液、6×上样缓冲液、电泳缓冲液、DNA Marker、TEMED、95%乙醇等。

变性剂:98% 去离子甲酰胺、10 mmol/L

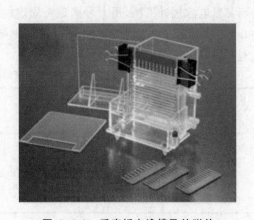

**图 6-40-2　垂直板电泳槽及其附件**

EDTA(pH 8.0)、0.025% 二甲苯青 FF、0.025% 溴酚蓝、2% 甘油。

固定液:10% 乙醇、0.5% 醋酸。

染液:0.01 mol/L AgNO$_3$、NaOH-甲醛混合液(200 mL 3% NaOH,含 1 mL 甲醛)。

30% 聚丙烯酰胺(29:1)溶液:取丙烯酰胺 29 g、甲叉双丙烯酰胺 1 g,溶于 100 mL 双蒸水中,4 ℃保存。

10% 过硫酸铵溶液:取 1 g 过硫酸铵,溶于 10 mL 双蒸水中,4 ℃保存(可用数周)。

5×TBE 缓冲液:取 Tris 54 g、硼酸27.5 g、0.5 mol/L EDTA(pH 8.0) 20 mL,加双蒸水至 1000 mL。

变性上样液:95% 甲酰胺、0.03% 二甲苯青 FF、0.05% 溴酚蓝、20 mmol/L EDTA(pH 8.0)。

## 四、实验内容

### (一)基因扩增产物的检测

动物群体中每个个体的基因扩增产物,在 1.5%～2% 琼脂糖凝胶电泳上进行定性、定量检测。扩增条带特异、浓度适宜,可以做后续实验。

### (二)非变性聚丙烯酰胺凝胶的制备与上样

(1)电泳槽玻璃板的处理:用洗涤剂清洗玻璃板,用自来水反复冲洗洗涤剂,双蒸水冲洗 3 次,晾干,用 95% 乙醇擦拭,自然干燥。在两块玻璃内的两侧放好衬条,对齐,用固定夹夹紧两块玻璃,并用玻璃胶带封边。

(2)制胶:按照被分离 DNA 片段的大小、含量及玻璃板、衬条的大小决定凝胶的浓度与体积。一般来讲,使用 5%～8% 的凝胶较为合适。根据基因特异性扩增片段的大小,选择适当的分离胶浓度和浓缩胶浓度(表 6-40-1)。轻轻摇匀配制的胶液并用真空装置抽气(开始时要缓慢)除气泡,加 35 μL TEMED 至聚丙烯酰胺混合液中,混匀。用 10 mL 玻璃吸管或 50 mL 注射器吸取胶液,将玻璃模具倾斜成 30°,缓慢注入两玻璃板间的空隙中,直至灌满模具顶部。立即插入相应的点样梳,小心操作,勿使梳齿下带进气泡,并且不要将梳齿全部插入胶内,留约 2 mm 梳齿于玻璃板上端,以免拔梳时把胶孔拔断。由于凝胶在聚合过程中有回缩,因此应小心添加一些胶液于梳子处,水平放置,室温聚合 1 h。将封口玻璃胶带掀去,放入电泳槽,凹形玻璃贴紧电泳缓冲液槽,用大号固定夹固定住两侧。在上、下电泳槽内灌入 1×TBE 缓冲液,小心取出点样梳,用槽内的缓冲液反复冲洗点样孔,以去除可能存在的未聚合的丙烯酸胺和气泡。

表 6-40-1　不同浓度的聚丙烯酰胺凝胶的配比表

| 胶浓度 /(%) | 30% 丙烯酰胺体积 /mL | 水体积 /mL | 5×TBE 体积 /mL | 10% 过硫酸铵体积 /mL | TEMED 体积 /μL |
|---|---|---|---|---|---|
| 3.5 | 11.6 | 67.7 | 20.0 | 0.7 | 35 |
| 5.0 | 16.6 | 62.7 | 20.0 | 0.7 | 35 |
| 8.0 | 26.6 | 52.7 | 20.0 | 0.7 | 35 |

续表

| 胶浓度 /(%) | 30%丙烯酰胺体积 /mL | 水体积 /mL | 5×TBE 体积 /mL | 10%过硫酸铵体积 /mL | TEMED 体积 /μL |
|---|---|---|---|---|---|
| 12 | 40.0 | 39.3 | 20.0 | 0.7 | 35 |
| 20 | 66.6 | 12.7 | 20.0 | 0.7 | 35 |

（3）扩增产物的处理：将 PCR 扩增产物与变性上样液按 1∶5 的比例加入 0.5 mL 微量离心管中，混匀。样品上胶前应在 98 ℃ 中变性 10 min，立即冰浴骤冷。取 3～5 μL 变性样品（根据点样孔的大小决定上样量，见图6-40-3），以微量加样器上样，上样时要注意不要有气泡冲散样品，而且速度要快（时间长了样品易于扩散）。同一块板上，可加一个 DNA Marker。

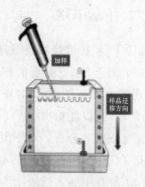

图 6-40-3 聚丙烯酰胺凝胶
上样示意图

**（三）非变性聚丙烯酰胺凝胶电泳**

将电泳槽接上电极（上槽接负极，下槽接正极），开启电源，根据扩增片段的大小及电泳槽和凝胶的大小，确定电泳的电压及电泳时间。通常室温下以电压梯度 1～5 V/cm 进行电泳，至溴酚蓝指示剂前沿距胶板尾 1～2 cm 时，停止电泳。

**（四）取胶**

电泳结束后，倒掉电泳缓冲液，取下电泳胶玻璃，用塑料楔子从玻璃板底部一角小心分开玻璃，凝胶应附着在一块玻璃上，切去凝胶左上角，作为点样顺序标记。剪一张与玻璃同样大小的塑料白板，严密覆盖于凝胶上；顺一个方向将凝胶缓慢取下，用保鲜膜盖于胶面并包好，避免膜和胶之间产生气泡或皱褶，将凝胶固定在白光板上拍照。

**（五）染色（银染法）**

将凝胶置于固定液（含 10%乙醇和 0.5%醋酸）中固定 10 min，用双蒸水洗涤 2 次，置于 0.01 mol/L AgNO₃溶液中，室温反应 15～30 min，充分水洗，置于 NaOH-甲醛混合液（200 mL 3% NaOH，含 1 mL 甲醛）中反应至条带显色清晰，本底适宜。最后，将凝胶置于凝胶成像系统中拍照，观察结果如图 6-40-4 所示。

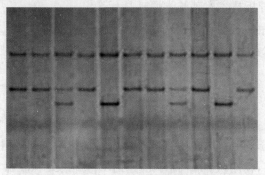

图 6-40-4 鸡 *MC4R* 基因部分片段的 SSCP 分析

## 五、实验结果与分析

（1）对非变性聚丙烯酰胺凝胶电泳图进行分析。确定群体中个体基因或基因片段有无多态性。

（2）分析样本与带型间的关系，找出等位基因纯合带型和杂合带型个体。

## 六、注意事项

（1）PCR扩增产物应特异性好（单一条带）、浓度高（条带亮）。

（2）用于SSCP分析的核酸片段越小，检测的敏感性越高。对小于200 bp的片段，SSCP可发现其中70％的变异；对于300 bp左右的片段，则只能发现其中50％的变异；而对大于500 bp的片段，则仅能检出10％～30％的变异。因此，小于300 bp，尤其是150 bp左右的核酸片段更适于SSCP分析。对于大于400 bp的PCR产物，就需要设法进一步处理，可以用限制性酶消化PCR产物，产生小于400 bp的DNA片段，再进行SSCP分析。

（3）凝胶中加入低浓度的变性剂，如5％～10％甘油、5％尿素或甲酰胺、10％ DMSO或蔗糖等有助于提高敏感性，这可能是因为轻微改变单链DNA的构象，增加分子的表面积，降低单链DNA的泳动速率。但有些变异序列只能在没有甘油的凝胶中被检出。因此，对同一序列使用2～3种条件进行SSCP分析，可以提高敏感性。

（4）聚丙烯酰胺凝胶凝固后，拔梳子时注意冲胶孔，否则会影响条带的形状。

（5）凝胶浓度很重要，一般使用5％～8％的凝胶。凝胶浓度不同，突变带的相对位置也不相同。在进行未知突变种类的SSCP分析时，最好采用两种以上凝胶浓度，这样可以提高突变种类的检出率。凝胶的厚度对SSCP分析也很重要，凝胶越厚，背景越深。在上样量较多的前提下，使凝胶越薄越好。

（6）单链凝胶电泳时，互补单链迁移率不同，一般形成两条单链带。PCR产物进行单链凝胶电泳之前，通过加热变性产生单链。如变性不彻底，残留双链亦可形成一条带。因此，SSCP分析结果至少显示三条带。由于一种DNA单链有时可形成两种或多种构象，检出四条带也不足为奇。

## 七、思考题

（1）什么是SSCP分析技术？其基本原理是什么？

（2）非变性聚丙烯酰胺长时间不凝固的原因可能是什么？

（3）SSCP分析技术的关键步骤有哪些？95 ℃处理基因扩增片段的目的是什么？

## 八、参考文献

[1] 周延清,杨清香,张改娜. 生物遗传标记与应用[M]. 化学工业出版社,2008.

[2] 卢圣栋. 现代分子生物学实验技术[M]. 2版. 中国协和医科大学出版社,1999.

[3] 许绍斌,陶玉芬,杨昭庆,等. 简单快速的DNA银染和胶保存方法[J]. 遗传,2002,24(3):335-336.

[4] 仇雪梅. 影响鸡生长和肉质性状主要候选基因的研究 [D]. 北京:中国农业大学,2004.

[5] 邱芳,伏健民,金德敏,等. 遗传多样性的分子检测[J]. 生物多样性,1998,6(2):143-151.

(大连海洋大学 仇雪梅)

# 实验四十一 农杆菌介导的烟草遗传转化技术

## 一、实验目的

(1) 掌握农杆菌遗传转化的操作方法,了解细菌转化的概念及在分子生物学研究中的意义。

(2) 学习基因工程研究中农杆菌介导的外源基因转化技术的原理。

## 二、实验原理

植物转基因技术主要有基因枪法、电激法、叶盘法、PEG 法、花粉管介导法和农杆菌介导法等。目前常用转化受体来自植物的原生质体及外植体组织。在这些基因受体中,较常用的为下胚轴、子叶柄和茎段。在不同实验体系中,不同外植体组织的再生频率也不同。利用根癌农杆菌这一天然的植物遗传转化系统,现已成功建立根癌农杆菌对多种植物,包括双子叶植物和部分单子叶植物,如水稻、玉米等重要粮食作物的遗传转化系统。烟草是植物转基因研究初期获得突破的植物之一,更是现代分子生物学研究植物遗传转化的模式植物。自从 Horsh 等首次获得烟草转基因植株以来,以烟草为材料的转基因技术为基因功能分析提供了有效途径,同时使植物遗传转化的研究和应用得到飞速发展。从 1999 年至 2021 年中文期刊检索到的有关烟草报道有 41938 篇,其中涉及烟草的遗传转化,包括各种新基因、功能片段、二价载体以及某些抗性基因功能鉴定等研究。从 1983 年第一例转基因烟草问世以来,转基因技术发展迅猛,至 2021 年转基因植物已经在 29 个国家进行种植。另外,有 40 多个国家和地区进口转基因农产品,全球种植转基因作物已达 $2.67×10^{10}$ $hm^2$。迄今为止,根癌农杆菌及其 Ti 质粒已发展成为在植物遗传转化中应用最多的和效果较好的遗传转化载体。农杆菌介导的目的基因转化是经典的转基因方法,具有转化频率高、单拷贝转化等优点。根据诱导植物细胞产生冠瘿碱的类型不同,可将已知的 Ti 质粒及其相应的宿主菌分为章鱼碱(octopine)型、胭脂碱(nopaline)型、农杆碱(agropine)型和琥珀碱(succinamopine)型等类型。

农杆菌是普遍存在于土壤中的一种革兰氏阴性细菌,农杆菌介导的植物遗传转化借助了农杆菌中 Ti 质粒(或 Ri 质粒)的 T-DNA 区可侵染植物这一天然的植物遗传转化体系。其原理就是将外源基因重组进入适合的载体系统,通过载体将携带的外源基因导入植物细胞,整合在核染色体组中并随核染色体复制和表达。据大量资料报道,土壤杆菌属有 4 个,其中与植物基因转化相关的只有两种类型:含有 Ri 质粒的发根农杆菌(*Agrobacterium rhizogenes*)和含有 Ti 质粒的根癌农杆菌(*Agrobacterium tumefaciens*)。在自然状态下,它们都能感染植物伤口,分别导致冠瘿瘤(crown gall)和毛状根的发生。1983 年比利时科学家 Montagu 等和美国 Monsanto 公司 Fraley 等分别将 T-DNA 区上的致瘤基因切除(disarmed),并代之以外源基因,首次证明可以通过 Ti 质粒来实现外源基因对植物细胞的遗传转化。Ti 质粒上的 T-DNA 区转移的全过程包括农杆菌附着于植物细胞壁,T-DNA 区从 Ti 质粒上被剪切、加工,然后穿过农杆菌和植物细胞的细胞壁和细胞膜,最后越过植物细胞的核膜,进入植物细胞核。这一复杂的过程需要农杆菌染色体 Vir 区及 Ti 质粒 Vir 区的多种基因参与。农杆菌质粒上具有五个主要功能区,即 T-DNA 区、质粒转移、冠瘿碱代谢、复制原点和毒性区。其中,T-DNA 区是一段可以移动的 DNA,直接参与转移并整合到植物染色体上的 DNA 序列。Ti 质粒和 Ri 质粒上都有一个 T-DNA 区,转化的外源基因多数都符合孟德尔遗传定律。人们将目的基因插入经过改造的 T-DNA 区,借助农杆菌的感染实现外源基因向植物细胞的转移与整合,然后通过细胞和组织培养技术,再生出转基因植株,这个过程就称为农杆菌介导转化法。

随着对农杆菌转化系统研究的深入,已对载体系统进行了不断更新,转化效率逐渐提高,应用范围也越来越广泛。在使用根癌农杆菌 Ti 质粒作为外源基因载体进行植物细胞遗传转化前,必须对 Ti 质粒进行改造,使之成为适合植物基因克隆和表达的载体。目前,经过改造的 Ti 质粒载体系统主要分为共整合载体和双元载体两大类。

pBI121 载体是常用的植物表达载体,载体的骨架是 pUC18,以 CaMV35S 启动子驱动的新霉素磷酸转移酶Ⅱ基因(*npt*Ⅱ)为卡那霉素抗性选择标记基因,卡那霉素抗性基因作为筛选基因。在植物筛选标记基因中,强调给转化细胞带上一种标记,起报告和识别作用,故称为报告基因。目前植物遗传转化中常用的报告基因有很多种,例如 *gus* 基因(*β*-葡萄糖苷酸酶基因)作为报告基因,转化获得的转基因细胞、组织或植株,具有抗卡那霉素的特性,经组织化学染色可呈现出蓝色。图 6-41-1 为农杆菌质粒载体 T-DNA 区的图谱。

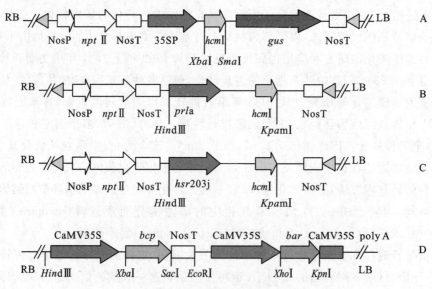

**图 6-41-1　质粒载体 T-DNA 区示意图**

(引自陈天子,2009)

RB—T-DNA 右边重复序列;LB—T-DNA 左边重复序列;35SP—CaMV35S 启动子;NosT—NOS 终止子

## 三、实验材料、器材与试剂

### (一) 实验材料

(1) 植物材料:烟草(*Nicotiana tobacum*)种子或无菌苗。

(2) 农杆菌与载体:根癌农杆菌(*Agrobacterium tumefaciens*)LBA4404,携带植物表达载体 pBI121。

(3) 重组 Ti 质粒:含选择标记基因新霉素磷酸转移酶Ⅱ(*npt*Ⅱ)和抗除草剂基因 *bar*。

### (二) 实验器材

PCR 仪、摇床、恒温水浴锅、超净工作台、电子天平、高压蒸汽灭菌锅、过滤灭菌器、人工培养箱、冰箱、超低温冰箱、小型离心机、移液枪(附带无菌枪头:1 mL、200 μL、10 μL)、制冰机、紫外分光光度计、称量纸、镊子、手术刀、量筒(100 mL)、酒精灯、白瓷盘、棉球、烧杯、培养皿、锥形瓶、容量瓶、滤纸、牛皮纸、胶带、牙签、试管、离心管(50 mL、1.5 mL、2 mL)、Eppendorf 管、泡沫冰盒、计时器、无粉乳胶手套等。

### (三) 实验试剂

0.15 mol/L NaCl-0.1 mol/L CaCl$_2$溶液、20 mmol/L CaCl$_2$溶液、甘油等。

抗生素 1:实验选用头孢噻肟(cefotaxime,简写为 Cef)母液,浓度为 300 mg/L,过滤除菌,分装,−20 ℃保存。

YEB 培养基:牛肉膏(5 g/L)、蛋白胨(5 g/L)、酵母提取物(1 g/L)、蔗糖(5 g/L)、MgSO$_4$(0.5 g/L),调 pH 至 7.0。

烟草分化培养基:MS、2 mg/L 6-BA、0.5 mg/L IAA。6-BA 和 IAA 采用过滤法除菌,待 MS 培养基高压灭菌冷却至 40 ℃左右时加入。

烟草生根培养基:MS、0.4 mg/L IAA。

抗生素 2:卡那霉素(kanamycin,简写为 Kan)母液。一般不同品种的烟草对农杆菌的浸染具有不同的敏感性,需要确定受体植物合适的卡那霉素筛选浓度,本实验建议参考浓度为 100 mg/L,过滤除菌,分装,−20 ℃保存。

利福平(rifampicin,简写为 Rif):50 mg/L,过滤除菌,分装,−20 ℃保存。

所有培养基灭菌前 pH 均调至 6.5,再 121 ℃高压灭菌 20 min。

## 四、实验内容

### (一) 农杆菌感受态细胞的制备

(1) 将农杆菌接种于 5 mL YEB 培养基(含 50 mg/L Rif)中,32 ℃,200 r/min 振荡培养 1~2 天。

(2) 取 1 mL 活化的菌液,接种于新鲜 50 mL YEB 培养基中,37 ℃振荡培养 2~3 h,使 $A_{600}$ 达到 0.3~0.5(肉眼观察略有混浊即可)。

(3) 将菌液转入两个预冷的 50 mL 离心管中,于冰水上摇动 10~60 min(至菌液冷却为止)。

(4) 4 ℃,5000 r/min 离心 10 min,弃上清液,收集菌体。

(5) 离心管中分别加入 10 mL 预冷的 0.15 mol/L NaCl-0.1 mol/L CaCl$_2$ 溶液,重悬菌体。

(6) 4 ℃,5000 r/min 离心 5 min,弃上清液。

(7) 分别加入 2 mL 预冷的 20 mmol/L CaCl$_2$ 溶液,重悬沉淀。如不是立刻使用,加入甘油分装到 1.5 mL 无菌离心管中,液氮速冻后,−70 ℃保存,使用时取出置于冰中融化。

## (二) 农杆菌感受态细胞的冻融法转化

(1) 在超净工作台上,冰浴条件下,取 200 μL 感受态细胞,置于 Eppendorf 管。

(2) 加入 1 μg 待转化的质粒 DNA,轻敲混匀,冰浴 30 min。

(3) 立即放入液氮中冰冻 5 min。

(4) 取出 Eppendorf 管,立刻放入 37 ℃恒温水浴锅中 5 min。

(5) 加入新鲜的 YEB 培养基 1 mL,28 ℃,180 r/min 摇床培养 2~3 h。

(6) 4 ℃,5000 r/min 离心 1 min,弃上清液,收集菌体,并重新悬浮细胞于 100 μL YEB 培养基中。

(7) 在 YEB 培养基(50 mg/L Kan,50 mg/L Rif)上进行涂板。

(8) 将平板置于 28 ℃下暗培养 2~3 天。

(9) 挑取单菌落,培养并重新提取质粒,酶切,电泳检查效果。

(10) 取转化菌株培养液,置于 1.5 mL 离心管中,加 15%的无菌甘油,在−70 ℃长期保存。使用时取出,置于冰中融化即可。

## (三) 农杆菌活化

(1) 从−70 ℃超低温冰箱中取出用于转染的农杆菌菌种,在含有 50 mg/L Rif 与 100 mg/L Kan 两种抗生素的平板(YEB 培养基)上划线,用封口膜封口,于 37 ℃培养 14~16 h。

(2) 随机挑取新活化的携带植物表达载体质粒的农杆菌单菌落,接入 5 mL 含相应抗生素的 YEB 培养基中,37 ℃,180 r/min 振荡培养过夜,直至对数生长期,$A_{600}$ 为 0.4~0.5 为止。

(3) 次日将上述培养物按体积比 1∶100 稀释的量转入新鲜的 50 mL YEB 培养基中,37 ℃振荡培养 2~3 h,达到 $A_{600}$ 为 0.5 左右时用于转染(肉眼观察略有混浊即可)。在 4 ℃的恒温条件下,菌液离心 8 min (5000 r/min),弃上清液,用无抗生素的 YEB 培养基重新悬浮农杆菌,置于冰上备用。

## (四) 外植体的转染及共培养

(1) 选取生长约 50 天的烟草幼苗无菌叶片、胚轴或茎段等,切成约 0.5 cm$^2$ 大小的外植体,放入无菌培养皿中,加入农杆菌菌液,浸染 8~10 min。其间,间歇轻微振荡使叶片与菌液充分接触,取出外植体并置于无菌滤纸上,吸干残留的菌液。

(2) 将浸染过的烟草外植体接种在固体愈伤或分化诱导培养基上进行共培养,伤口边缘嵌入培养基内,28 ℃避光培养 3~5 天,直至材料切口处略微膨大。

## (五) 筛选和继代培养

将共培养中脱菌的外植体转移到含 500 mg/L Cef 和 100 mg/L Kan 的选择培养基上,伤口边缘嵌入培养基内,置于光照培养架上,25 ℃,光照 2000~10000 lx 下选择培养,每隔20~30 天继代一次,至转化后的外植体分化生长出大量的丛生芽为止。

（六）生根培养与移栽

待转基因植株生长到 1～1.5 cm 时，从基部将苗切下，并转入含有 300 mg/L Cef 和 100 mg/L Kan 的生根培养基上进行诱导生根。转基因植株生根后打开瓶盖，进行自然光照，温度控制在 20～25 ℃，炼苗 4 天，再将转基因苗移栽至营养钵中，置于温室培养。

（七）转化效果的鉴定

（1）分子检测：根据 DNA 序列引物设计原则，以重组质粒为对照，从烟草叶片中提取植物总 DNA，对转基因植株进行 PCR 扩增，作为整合水平上的检测，初步验证转基因植株外源基因的存在。

（2）GUS 酶活性检测：取一小块转基因苗叶片（或愈伤组织），置于 Eppendorf 管中，加入 GUS 染液，置于 37 ℃恒温培养箱 1 h 左右，观察染色效果。如果染色呈现出蓝色，表明载体中所携带目的基因（gus 基因）已经转入烟草并进行表达。

（3）生物检测：用 Basta 除草剂涂抹转基因烟草植株叶片，以非转基因植株为对照，2 天后非转基因植株的叶片开始褪绿并枯萎，而转基因且外源基因能表达者则无褪绿现象。

## 五、实验结果与分析

实验结果如图 6-41-2、图 6-41-3 所示。

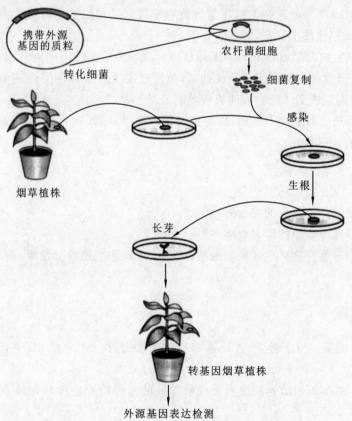

**图 6-41-2 农杆菌介导再生转基因烟草植株实验过程**

（引自 Weaver,2005）

转基因烟草植株　　　　　　野生型烟草植株

**图 6-41-3　不同类型烟草植株生物检测结果**

(引自张继星,2013)

## 六、注意事项

(1) 抗生素需在培养基冷却至 50～60 ℃时才可添加,否则会引起抗生素失活。

(2) 6-BA 和 IAA 等激素和卡那霉素等抗生素最好采用过滤的方式灭菌,这样可以有效地防止高温导致试剂性质不稳定,如化学分解。

(3) 农杆菌适宜的浸染浓度和时间因外植体对浸染的敏感性不同而有很大差异。浓度过高、时间过长会引起农杆菌细胞间竞争性抑制,而且过度增殖会抑制受体细胞的呼吸作用;浓度过低、时间过短则造成受体细胞表面农杆菌附着量不足。

(4) 实验中所用的器皿均需灭菌,以防止杂菌和外源 DNA 的污染,溶液移取、分装等均应在无菌超净工作台上进行。

## 七、思考题

(1) 如何解决继代培养中的褐化问题?

(2) 影响烟草转化效率的因素有哪些?

(3) 比较经农杆菌介导再生的转基因植株间的 PCR 和生物检测结果,两者是否一致? 为什么?

## 八、参考文献

[1] 杨清,余丽芸. 分子生物学与基因工程实验技术[M]. 北京:中国农业大学出版社,2014.

[2] 陈天子. 基于组织培养和授粉后浸蘸花柱的两种棉花遗传转化体系的建立[D]. 南京:南京农业大学,2009.

[3] 律凤霞. 根癌农杆菌介导外源基因转化烟草体系的优化[J]. 安徽农业科学,2010,38(19):10065-10066.

[4] 章镇,孙爱君,房经贵,等. 农杆菌介导 *rol C* 基因转化烟草植株的研究[J]. 南京农业大学学报,2001,24(1):25-29.

[5] 赵莉,钟鸣,马慧,等. 农杆菌介导的烟草高效遗传转化体系的建立[J]. 江苏农业科学,2011,39(3):67-68,74.

[6] 张宁,王蒂. 农杆菌介导的烟草高效遗传转化体系研究[J]. 甘肃农业科技,2004,(9):11-13.

[7] 马雪梅,胥晓,李晓波,等. 农杆菌介导快速、高效获得转基因烟草纯合株系[J]. 中国烟草学报,2012,18(4):66-69.

（塔里木大学　王有武）

# 实验四十二　绿色荧光蛋白基因在斑马鱼胚胎中的表达

## 一、实验目的

(1) 掌握斑马鱼胚胎显微注射的方法。
(2) 了解常规目的基因表达的鉴定方法。
(3) 了解转基因研究的意义和方法。

## 二、实验原理

转基因动物(transgenic animal)是指基因组中整合有外源基因的动物,整合入动物基因的外源基因称为转基因(transgene)。嵌合体动物(chimera mosaic animal)是指只有部分组织细胞的基因组中整合有外源基因的动物。这类动物只有当外源基因整合入的那部分组织细胞恰为生殖细胞时,才能将其携带的外源基因遗传给子代。一般用胚胎干细胞法或逆转录病毒载体法制备的第一代转基因动物均为嵌合体动物,而显微注射法得到的第一代转基因动物中,也有 20% 为嵌合体动物。转基因动物是指动物所有细胞均整合有外源基因,具有将外源基因遗传给子代的能力。

转基因技术是指将人工分离和修饰过的外源基因导入生物体基因组中,导入基因的表达引起生物体性状的可遗传修饰。转基因技术是生物学领域最新重大进展之一,已渗透到生物学、医学、畜牧学等学科的广泛领域。转基因动物已成为探讨基因调控机理、致癌基因作用和免疫系统反应的有力工具。同时人类遗传病的转基因动物模型的建立,为遗传病的基因治疗打下坚实的基础。

鱼类是脊椎动物中最丰富多样的类群,估计达 30000 种。这种多样性反映在形态、行为、生殖、发育、世代时间和对环境的耐受等各种特征的广泛差异,使得各种转基因鱼模型的常规制作既是挑战,又是机遇。有的鱼类的卵是透明的,能直接对发育进行监察,有的通过对活体内报告基因的表达进行判断。

自 20 世纪 70 年代以来,随着发育生物学和分子生物学技术的迅速发展,转基因技术应用于培育转基因水产动物。1985 年,我国学者朱作言率先研制出世界首例转基因鱼,从此以后,以鱼类为主的水生生物转基因研究在国内外多个实验室普遍展开。目前,国内外对转基因技术的研究日益呈现多元化趋势,涉及的对象包括各种海水和淡水经济鱼类、虾类、贝类及藻类。导入的目的基因有生长激素基因、抗冻蛋白基因、抗病基因,启动子,调控序列等。

外源基因导入受体细胞的方法多种多样,主要有显微注射、电穿孔、精子介导、基因枪、磷酸钙共沉淀、脂质体融合、逆转录病毒转染等方法。

显微注射技术是一种精细的实验技术,即借助显微镜或解剖镜,使用显微操作仪通过毛细玻璃管将外源物质、细胞核(包括核周围的少量细胞质)或细胞注入受体的方法。就鱼类而言,显微注射是鱼转基因研究中的常用技术。

斑马鱼(图 6-42-1)原产于印度、孟加拉等国,属鲤科,是一种亚热带淡水观赏经济鱼类,成鱼体长约 5 cm,呈黄褐色,体表从头到尾覆盖着水平方向的蓝紫色条纹,故又称蓝条鱼。雄性皮肤偏柠檬色,雌性皮肤偏银灰色、鳍条宽大、发达,外观十分美丽。斑马鱼具有经济、观赏价值。因其体小、卵大,繁殖周转快,目前已成为研究脊椎动物(包括灵长类)胚胎发育及外界环境变化(如紫外线、重金属盐类、农药、工业污水、放射性物质等)对人类影响的良好材料。斑马鱼是一种极好的实验模式鱼,是取代青蛙、果蝇、小白鼠等作为研究对象的优良材料,其发展前景十分广阔。

**图 6-42-1　斑马鱼**

斑马鱼 4 月龄性成熟,5 月龄体成熟,繁殖周期短,一般 7 天左右,一年四季都可产卵,产卵可达 300~1000 粒,成活率高。雌性斑马鱼皮肤偏银灰色,性成熟时体形丰满,腹部膨大、松软,仰腹可见明显的卵巢轮廓,手摸富有弹性;雄性斑马鱼皮肤偏柠檬色,腹部扁平,身材显得修长。斑马鱼的受精卵适合显微注射的优势:第一,受精卵透明、体积大(直径在 1.0 mm 左右),便于操作;第二,雌鱼产卵量大,一次可取到几十到上百枚卵,可以人为控制收集受精卵量。

## 三、实验材料和器材

### (一)实验材料

体成熟、性成熟的雌、雄斑马鱼若干条,表达载体 PAcGFP1-N1,*E. coli* DH5α。

### (二)实验器材

荧光显微镜(Eclipse 50i)、双筒解剖镜(IXL-I160X)、显微注射装置(CellTram® Air/Oil/vario 系列,见图 6-42-2)、显微注射系统(中科院上海生化细胞所斑马鱼技术平台,见图 6-42-3)、培养皿、鱼缸、恒温培养箱、微量上样枪头、微量进样器、毛细玻璃管等。

图 6-42-2  显微注射装置

图 6-42-3  显微注射系统

## 四、实验内容

### 1. 显微注射 DNA 溶液的配制

取适量线性质粒 DNA(终浓度为 100 ng/μL),溶解于双蒸水中,加入少量酚红,用 0.02 μm 的滤器过滤除菌后,保存于−20 ℃下备用。

### 2. 注射针的拉制和仪器的安装

用酒精灯的外焰将外径为 1 mm、内径为 0.5 mm 的玻璃管烧软,用镊子夹着玻璃管一端迅速拉伸,并离开火焰,拉成针形,保存在干燥环境下备用。

在产卵前将所需的线性化质粒(1~5 μL 胚胎注射液)装入注射针内,不要引入气泡,以免干扰注射,然后小心地装在注射仪上。

### 3. 斑马鱼受精卵的获取

将亲鱼公、母分开饲喂 2~3 天(相互之间能够看到,可在饲养箱中加一玻璃隔板),繁殖时将亲鱼公、母按(1~2):1 比例放入产卵池中进行产卵受精。斑马鱼一般凌晨产卵,为防止亲鱼吞噬鱼卵,可用网孔为 2~3 mm 的网将亲鱼限制在产卵池的上半部活动。每条雌鱼可产卵 100~300 粒。

### 4. 显微注射

将刚结合的受精卵置于一次性培养皿中,受精卵紧密排布,并吸去多余的水分,以防止卵膜膨胀影响注射,将成批分选和洗净的受精卵移到另一培养皿中。在解剖镜下,借助于显微注射装置,将受精卵定位在视野中心,使动物极方向向上;持针器操作,将注射针刺入受精卵的动物极,连续地将外源质粒注入受精卵;当看到 1~2 μL 红色注射液被注入胚胎后,将针头缓慢而稳定地抽出。注射速度要快,尽量在短时间内完成。将受精卵放入装有水的培养皿中。

### 5. 斑马鱼的卵的孵育

受精卵要及时捞出,剔除异物,将肉眼观察有白色小斑点、畸形异常受精卵去除。然后将受精卵移入培养箱中进行孵化,温度为 25~28 ℃,温差不能够超过 0.5 ℃。此期间可在双筒解剖镜下观察胚胎的发育状况。大约经过 2 天孵化,小鱼就可出膜,刚出膜的鱼苗游泳能力低,静卧于水底。

### 6. 观察绿色荧光蛋白的表达

及时清除死去的受精卵,并记录正常发育和死亡的受精卵数。在胚胎发育 2 h、4 h、8 h、12 h、18 h、24 h、36 h 和 48 h 后,转移注射质粒的胚胎于荧光显微镜下,调到荧光显微镜蓝光激发下,在 40× 和 100× 视野中,观察绿色荧光蛋白在斑马鱼胚胎中表达情况,并记录和拍照(图 6-42-4)。

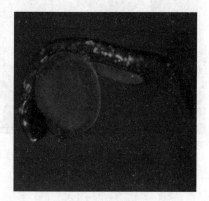

(a) 受精24 h胚胎(×40)　　　　　　　(b) 受精48 h仔鱼(×40)

**图 6-42-4　绿色荧光蛋白在斑马鱼胚胎和仔鱼中的表达**

## 五、注意事项

(1) 收集受精卵、注射等操作速度要快,斑马鱼受精后 40 min 开始第一次卵裂,这时注射获得转基因斑马鱼的概率高。

(2) 控制好胚胎的注射量(最好为 300 pg 左右),过多会导致胚胎发育畸形和死亡。

(3) 取受精卵时注意光照周期的安排(14 h 光照+10 h 黑暗)。

(4) 绿色荧光蛋白在斑马鱼胚胎中是瞬时表达,注意观察时间设置是否合理。

## 六、思考题

(1) 为什么表达的绿色荧光蛋白细胞呈斑块状,而不均匀分布于胚胎中?

(2) 如果转入其他基因而不是报告基因,如何鉴定目的基因是否转入胚胎之中?

(3) 本实验能否制备转基因斑马鱼?

(4) 转基因斑马鱼的应用意义是什么?

## 七、参考文献

[1] 唐胜球,董小英. 转基因鱼研究及商品化展望[J]. 北京水产,2002,(6):26-30.

[2] Zhu Z, He L, Chen S, et al. Novel gene transfer into fertilized eggs of gold fish (*Carassius auratus* L. 1758) [J]. J Appl Ichthyol,1985,1(1):31-34.

[3] Houdebine L M. The methods to generate transgenic animals and to control transgene expression[J]. J Biotechnol,2002,98(2-3):45-60.

[4] 沙珍霞,陈松林,刘洋,等. 显微注射技术在制备鱼类嵌合体和转基因海水鱼上的应用[J]. 海洋水产研究,2005,26(3):86-90.

[5] 朱作言,许克圣,谢岳峰,等. 转基因鱼模型的建立[J]. 中国科学,1989,B(2):147-155.

[6] 杨隽,孙孝文,李云龙. 全鱼基因的构建及其在鲫鱼体内的整合与转录[J]. 动物学杂

志,2002,37 (4):10-13.

[7] 吴勇,区又君.鱼类转基因技术综述[J].海洋通报,2006,25(6):76-84.

[8] 张文霞,戴灼华.遗传学实验指导[M].高等教育出版社,2007.

(大连海洋大学　仇雪梅)

# 实验四十三　小鼠印记基因的鉴定

## 一、实验目的

(1) 理解基因组印记及印记基因。

(2) 掌握印记基因的鉴定方法。

## 二、实验原理

### 1. 小鼠的起源、生理特点及主要品系

在分类学上,小鼠属于哺乳纲(Mammalia)、啮齿目(Rodentia)、鼠科(Muridae)、小鼠属(*Mus*)动物。小鼠由小家鼠演变而来,它广泛分布于世界各地,经长期人工饲养选择培育,已育成 1000 多近交系和独立的封闭群。小鼠的主要特点有繁殖快、多仔、易饲养、胆小易惊、昼伏夜动、喜群居、适应性差、喜欢啃咬、寿命短等。小鼠的生理特性和生殖特性见表 6-43-1。

表 6-43-1　小鼠的生理特性和生殖特性

| 项　　目 | | 平均值或范围 |
|---|---|---|
| 基因组 | 染色体数目 | 40 条 |
| | 基因组大小 | 约 $2.6 \times 10^9$ bp |
| | 基因数目 | 约 46000 个 |
| 生殖生物学特性 | 妊娠时间 | 19～20 天 |
| | 断奶时间 | 3 周 |
| | 性成熟的年龄 | 约 6 周 |
| | 大约的体重　出生时 | 1 g |
| | 断奶时 | 8～12 g |
| | 成熟时 | 30～40 g |
| | 实验室中的寿命 | 1.5～2.5 年 |
| | 平均窝仔数 | 4～12 只 |

### 2. 基因组印记现象与印记基因

基因组印记又称遗传印记,是指组织或细胞中,基因的表达具有亲本选择性,即只有一个亲本的等位基因表达,而另一个亲本的等位基因不表达或很少表达的现象。相应的基因则称为印记基因。母本来源不表达的基因称为母本印记基因或父本表达基因,而父本来源不表达

的基因则称为父本印记基因或母本表达基因。基因组印记的研究主要集中在哺乳动物和人类,目前已经在小鼠和人类中分别鉴定了约 150 个和 70 个印记基因。迄今为止,除人类和哺乳动物外,已报道印记的物种还有有袋类动物和种子植物。而普遍认为在鸟类、鱼类、爬行类和两栖动物中不存在印记基因。大量的研究已经表明,印记基因对哺乳动物的胚胎发育和出生后的生长都具有重要的调节作用。迄今为止,已发现数十种疾病与基因组印记异常有关,包括肿瘤发生、肿瘤易感性、先天性神经异常发育综合征(Prader-Willi syndrome,PWS)、生长过剩综合征(Beckwith-Wiedemann syndrome,BWS)等。此外,基因组印记也与生物进化、性别决定及动物的母性行为有关。因此,对基因组印记展开研究,无论是对于遗传发育和生物进化等科学领域基础理论的发展,还是对于医学领域有关疾病的治疗、诊断和预后,都具有重要的意义。

### 3. 印记基因鉴定的原理与方法

基因组印记研究的首要任务是新印记基因鉴定。目前,无论是通过高通量转录组测序还是生物信息学方法等获得的候选印记基因,均需要利用基于 SNP 标记的 RT-PCR 直接测序法进行最终的鉴定。即首先利用核酸数据库在两个不同小鼠品系间寻找候选印记基因外显子序列的单核苷酸多态位点(single nucleotide polymorphism,SNP),然后设计引物对两个纯系小鼠及其正反杂交子代 DNA 和 cDNA 进行 PCR 扩增并直接测序。根据纯系小鼠及其子代 DNA 的测序结果,验证 SNP 位点的真实性。再根据正反杂交子代 cDNA 测序峰图确定基因是否有印记表达。若测序峰图中的 SNP 位点为双峰,则该基因不是印记基因;若为与父本相同的单峰,则为母本印记基因;若为与母本相同的单峰,则为父本印记基因。

## 三、实验材料、器材与试剂

### (一)实验材料

两种不同品系的成熟小鼠,每种品系雌雄各一只。

### (二)实验器材

小鼠饲养相关器材,包括鼠笼、鼠粮、垫料及清洁工具等;小鼠解剖相关器材,包括手术剪刀、手术夹和镊子等;DNA 及 RNA 提取、逆转录、PCR、DNA 片段纯化回收等相关器材(见第四部分实验二十三、实验二十五、实验二十六、实验二十七)。

### (三)实验试剂

DNA 及 RNA 提取、逆转录、PCR、DNA 片段纯化回收等相关试剂(见第四部分实验二十三、实验二十五、实验二十六、实验二十七)。

## 四、实验内容

### 1. 确定目的基因及实验所用的小鼠品系

查阅资料或相关网站,选择目前已在小鼠中鉴定的印记基因作为目的基因。利用任何一种核酸数据库查询目的基因外显子序列在不同品系小鼠间的 SNP 信息,在其中任选一个 SNP 位点作为双亲等位基因的标记,并选择在该位点具有差异的两种品系的小鼠作为实验材料。两种品系的小鼠分别命名为品系 A 和品系 B。

**2. 验证 SNP 位点并确定两种纯系小鼠的基因型**

提取品系 A 和品系 B 小鼠的 DNA 样本,设计引物(命名为"Primers-DNA")扩增包含所选 SNP 标记的 DNA 片段并直接测序。根据测序结果,确定两种纯系小鼠基因型。若在该 SNP 位点两种纯系小鼠均为纯合基因型且基因型不同(假设品系 A 基因型为 $G_1G_1$,品系 B 基因型为 $G_2G_2$),则进行下一步实验。否则重新选择小鼠品系、SNP 位点及目的基因。

**3. 两种纯系小鼠正反杂交并采集杂交子代的组织样品**

分别将品系 A 雌鼠与品系 B 雄鼠,以及品系 A 雄鼠与品系 B 雌鼠进行合笼。合笼时间一般为下午,待第二天早晨观察是否产生阴栓。若未产生阴栓,则将雌雄小鼠分开,待下午或晚上再进行合笼,直到第二天观察到阴栓为止。观察到阴栓后,取出雄鼠并记录合笼雌鼠的详细信息,包括杂交的雌雄品系、见栓的具体日期等。根据实验需要,在胚胎发育的相应时期取出雌鼠并利用颈椎脱臼法处死,解剖后取出胚胎,剥离所需的组织器官。

**4. DNA 和 RNA 的提取及 cDNA 的制备**

提取品系 A 与品系 B 小鼠正反杂交子代的 DNA 样品及各组织的 RNA 样品,RNA 样品逆转录为 cDNA。

**5. 确定杂交子代的基因型及胚胎组织表达的等位基因**

以品系 A 和品系 B 正反杂交子代的 DNA 为模板,利用步骤 2 的引物 Primers-DNA 进行扩增,PCR 产物纯化后直接测序。观察其测序峰图。若在 SNP 位点处为双峰(即该位点有两种碱基,正反杂交子代在该位点处为杂合基因型),则表明 PCR 产物直接测序能够有效检测该 SNP 位点的杂合基因型。

**6. 确定杂交子代各组织表达的等位基因**

以正反杂交子代 cDNA 为模板,重新设计跨内含子引物(命名为"Primers-cDNA")扩增包含 SNP 位点的片段,PCR 产物纯化后直接测序。观察其测序峰图。若在 SNP 位点处仍为双峰,表明该基因同时表达父本和母本等位基因,不属于印记基因;若在 SNP 位点处为单峰,且正交与反交子代所具有的单峰不同,则表明该基因是只表达一个亲本等位基因的印记基因。最后根据 SNP 标记判断该印记基因是父本印记基因还是母本印记基因。

## 五、注意事项

(1)作为双亲等位基因标记的 SNP 不要选取插入或缺失突变,否则杂合基因型测序峰图从 SNP 位点处开始为杂峰,因而无法判断测序结果的准确性。

(2)在对组织 RNA 进行逆转录前,利用 DNA 酶处理 RNA 样品,以避免 DNA 污染造成的假阴性结果。

(3)扩增 cDNA 模板的引物尽量跨越较大的内含子,从而避免 DNA 模板的有效扩增。

(4)尽量选择转录本较少且印记状态单一的印记基因作为目的基因,以减少非必要的干扰因素,使实验结果更加简单可靠。

## 六、思考题

(1)如果正反杂交子代均只表达同一等位基因,如何解释实验结果?

(2)在正反杂交子代组织 cDNA 模板测序峰图上,若预期的单峰处出现双峰,但两个等位基因峰高比例与杂合子 DNA 模板不同,且正反杂交同时显示某一亲本等位基因的峰显著高于另一等位基因，如何解释实验结果？

（3）除了 PCR 产物直接测序方法，是否还有其他方法检测双亲的等位基因？

# 七、参考文献

[1] Barlow D P,Bartolomei M S. Genomic imprinting in mammals [J]. Cold Spring Harbor Perspectives in Biology,2014,6(2)：a018382.

[2] Tucci V,Isles A R,Kelsey G,et al. Genomic imprinting and physiological processes in mammals [J]. Cell,2019,176(5):952-965.

[3] Zhang F W,Zeng T B,Han Z B,et al. Imprinting and expression analysis of a non-coding RNA gene in the mouse Dlk1-Dio3 domain [J]. J Mol Histol,2011,42(4):333-339.

（哈尔滨工业大学　张凤伟）